ASHOK MOTE

Estudos sobre Cestodes Parasitas de Peixes Marinhos da Costa Oriental da Índia

ASHOK MOTE

Estudos sobre Cestodes Parasitas de Peixes Marinhos da Costa Oriental da Índia

Cestode de peixes marinhos

ScienciaScripts

Imprint

Any brand names and product names mentioned in this book are subject to trademark, brand or patent protection and are trademarks or registered trademarks of their respective holders. The use of brand names, product names, common names, trade names, product descriptions etc. even without a particular marking in this work is in no way to be construed to mean that such names may be regarded as unrestricted in respect of trademark and brand protection legislation and could thus be used by anyone.

Cover image: www.ingimage.com

This book is a translation from the original published under ISBN 978-620-7-45207-1.

Publisher:
Sciencia Scripts
is a trademark of
Dodo Books Indian Ocean Ltd. and OmniScriptum S.R.L publishing group

120 High Road, East Finchley, London, N2 9ED, United Kingdom
Str. Armeneasca 28/1, office 1, Chisinau MD-2012, Republic of Moldova, Europe
Printed at: see last page
ISBN: 978-620-7-67580-7

Copyright © ASHOK MOTE
Copyright © 2024 Dodo Books Indian Ocean Ltd. and OmniScriptum S.R.L publishing group

Conteúdo

DEDICADO

TO

A MINHA MÃE DE INFÂNCIA

Sra. Sundrabai Kashinathrao Mote

RECONHECIMENTO

O mérito da realização desta investigação deve-se à orientação académica, às críticas construtivas e à ajuda constante do Dr. G.B. Shinde, orientador da investigação e coordenador do Conselho de Desenvolvimento da Faculdade, (U.G.C.) Universidade de Marathwada, Aurangabad, sob cuja supervisão este trabalho foi realizado.

Estou imensamente grato ao Dr. R. Nagabhushanam, Professor e Diretor do Departamento de Zoologia da Universidade de Marathwada, Aurangabad, por ter disponibilizado as instalações laboratoriais necessárias.

Aprecio e agradeço sinceramente ao Dr. B.V. Jadhav, Professor, Departamento de Zoologia, Universidade de Marathwada, Aurangabad, pela sua ajuda constante durante todo o período desta investigação.

Agradeço o amor e o encorajamento que me foram dados por shri shesharao tambe e shri J.K. Tambe durante todo o período de realização deste trabalho de investigação.

Estou extremamente grato aos meus colegas e amigos pela sua assistência inestimável e pelos seus conselhos úteis, entre os quais se contam o Shri S.S. Shinde, o Shri B.I. Kadam, a Sra. Pathrikar, o Dr. D.H. Jadhav, o Sr. S.S. Rao, o Dr. Sudhir Bhatlawanda, a Sra. Aarti Gokhale, o Sr. J.M. Gaikwad, o Sr. S.B. Pawar, o Sr. Rudrakasha e a Sra. Varsha Andhare.

Devo tudo o que consegui até agora à devoção e ao afeto dos meus pais.

Agradeço ao Sr. Nitin Nikam pela dactilografia eficiente do manuscrito e ao Sr. Sachin Narale pela fotografia.

Departamento de Zoologia, Universidade de Marathwada Aurangabad 431004

Data - dezembro de 1989.

(ASHOK N. MOTE)

SINOPSE

Tendo em conta o valor económico e a importância da sobrevivência humana através dos peixes, o autor estava interessado em estudar os cestodes parasitas dos peixes. A maior parte da recolha foi feita em waltair. Kakinada e dumalpetha, nos meses de outubro, abril de 1987 e abril de 1988.

A tese é composta por duas partes (I) Taxonomia (II) Aspectos fisiológicos (a) Histopatologia (b) Neurosecreção e (c) Histoquímica. Todo o trabalho foi realizado sobre os cestódeos parasitas das ordens. Tetraphylidea, Trypanorhyncha e Lecanocephalidea. Pertencem às famílias Phyllobothridea, Onchobothridae, Gymnorhynchidae, Lecanicephalidae e Adelobothridae. As espécies dos géneros incluídos neste trabalho são phyllobothrium, Acanthobothrium, Gymnorhynchus. Tylocephalum, Adelobothrium e Carpobothrium. Os diferentes aspectos de uma espécie de Phyllobothrium, uma espécie de Acanthobothrium, uma espécie de Gymnorhynchidae, uma espécie de Carpobothrium, quatro espécies de Tylocephalum, duas espécies de polypocephalus e duas espécies de Adelobothrium. São também estudados os diferentes aspectos fisiológicos de algumas espécies de alguns géneros.

PARTE : I

Esta parte trata da taxonomia, seguindo as espécies dos géneros:

1. Phyllobothrium foliatum, Linton, 1890
2. Acanthobothrium ijimai, Yoshida, 1917
3. Gymnorhynchius gigas, cuvier, 1817
4. Carpobothrium alli n.sp.
5. Tylocephalum namdeoi n.sp.
6. Tylocephalum dicerobatisae n.sp.
7. Tylocephalum dierama Shipley em Hornell, 1906
8. Tylocephalum bombayensis, Jadhav,   1983.
9. Polypocephalus shindei n.sp.
10. Polypocephalus waltairais n.sp.
11. Acanthobothrium kakinadensis n.sp.
12. Adelobothrium carcharisae n.sp.

São também fornecidas as chaves para os géneros Carpobothrium, Tylocephalum, Polypocephalus e Adelobothrium. Inclui-se também uma lista pormenorizada da literatura.

PARTE : II

Esta parte trata da Histopatologia, Neurossecreção e Histoquímica das seguintes espécies dos géneros aqui mencionados.

(a) Histopatologia

1. Tylocephalum namdeoi n.sp.
2. Carpobothrium alli n.sp.
3. Adelobothrium kakinadensis   n.sp.

(b) Neruosecreção

1. Tylocephalum namdeoi n.sp.
2. Carpobothrium alli n.sp.
3. Adelobothrium kakinadensis   n.sp.

(c) Histoquímica

1. Tylocephalum namdeoi n.sp.
2. Carpobothrium alli n.sp.
3. Adelobothrium kakinadensis   n.sp.

As ténias há muito que suscitam no homem um sentimento de perplexidade e, por vezes, de medo, porque parecem aparecer espontaneamente no hospedeiro e, quando presentes, causam ocasionalmente doenças. A maioria dos seres humanos utiliza os peixes como um dos alimentos nutritivos. Estes peixes estão fortemente infectados com parasitas cestódeos, se os peixes não forem adequadamente cozinhados, os parasitas causam doenças aos seres humanos, por exemplo, Diphyllobothrium latum causa anemia e Hamarrages. Estes parasitas não são apenas perigosos para os seres humanos mas também para os peixes. Estes aumentam a mortalidade dos peixes e diminuem o valor alimentar dos peixes. Tendo em vista o valor económico e a importância para a sobrevivência humana através dos peixes, o autor empreendeu este trabalho.

A maior parte da recolha foi feita pelo autor na costa leste da Índia, em locais como Waltair, Kakinada e Dumalpeth, durante os meses de março e abril de 1987 e 1988. Os vermes recolhidos foram conservados em formalina a 4% e em líquido de Bouin para estudos histológicos. Estes cestodes foram corados com hematoxilina de Harri, limpos em xilol e montados em D.P.X. para o estudo sistemático dos parasitas cestodes.

Os desenhos são feitos com o auxílio da câmara lúcida. Todas as medidas estão em milímetros, exceto quando mencionado na tese.

Para estudar os aspectos fisiológicos, os vermes inteiros foram fixados em líquido de Bouin, para a histoquímica da neurossecreção e para a histopatologia os vermes ligados aos intestinos do hospedeiro foram também fixados em líquido de Bouin, foram utilizadas colorações específicas para obter bons resultados.

O sistema de classificação para os estudos taxonómicos utilizados na tese baseia-se em "Advances in the zoology of Tapeworms, 1950-1970" de wardle, mcleod e Radinovasky (1974) e "Systema Helminthum Vol. II de Yamaguti (1959).

Todas as lâminas estão depositadas no Laboratório de Cestodologia, Departamento de Zoologia, Universidade de Marathwada, Aurangabad, MS Índia.

O autor tentou o seu melhor para representar o máximo de membros das famílias de cestodes parasitas dos peixes do Maine e também para estudar os seus diferentes aspectos fisiológicos.

Esta pesquisa de parasitas cestódeos, juntamente com alguns aspectos aplicados em pequena medida, dos peixes marinhos está apenas a começar e não pode ser considerada final.

PARTE : I

Eucestoda Wardle, Mcleod e Radinovasky, 1974
Tetraphyllidea Carus, 1862
Phyllobothridae Braun, 1900
Phyllobothrium Ven, Beneden, 1849

Phyllobothrium foliatum Linton, 1890.

DESCRIÇÃO

Foram recolhidos dez espécimes de cestodes parasitas da válvula espiral de Trygon Sephen. Cuvier, em Kakinada, A.P. (costa leste da Índia). Índia, no mês de abril de 1988.

Os vermes com escólex, segmentos imaturos e maduros, o escólex é de forma esférica, de tamanho médio, tem quatro pétalas, bothrida sésseis, cada um com ventosa acessória. O escólex mede 5,214 de comprimento e 5,35 de largura. Os Bothrida medem 2,714-3,964 de comprimento e 1,964-2,857 de largura. As ventosas acessórias têm forma redonda, são pequenas e medem 0,928-1,535 de largura.

Os segmentos maduros são mais compridos do que largos, uma vez e meia mais compridos do que largos, com margens laterais rectas e medem 3,785 em comprimento e 2,089-2,50 em largura. Os testículos são em número de 285-290, de tamanho pequeno, de forma redonda, situados em dois campos laterais, pré-ovarianos, desde o ovário até à margem anterior dos segmentos. Na medula centro-lateral, distribuídos de forma irregular e medem 0,053-0,071 de diâmetro. A bolsa do cirro é grande, de forma oval, cilíndrica, curva, obliquamente orientada para a margem anterior, situada imediatamente antes do meio do O cirro é largo, curvo, saliente em poucos segmentos e mede 1,210 em comprimento e 0,035-0,053 em largura. Os deferentes são orientados anteriormente. O cirro é largo, curto e mede 0,107 de comprimento e 0,035 de largura.

O ovário é bilobado, de margem irregular, com numerosos ácinos, situados perto da margem posterior do segmento, os lóbulos do ovário são de forma quase triangular, estendendo-se anteriormente até à região % dos segmentos e medem 1,910 de comprimento e 1,107.

FOTO : 1

Phyllobothrium foliatum, Linton, 1890.

1. Scolex

2. Segmento maduro

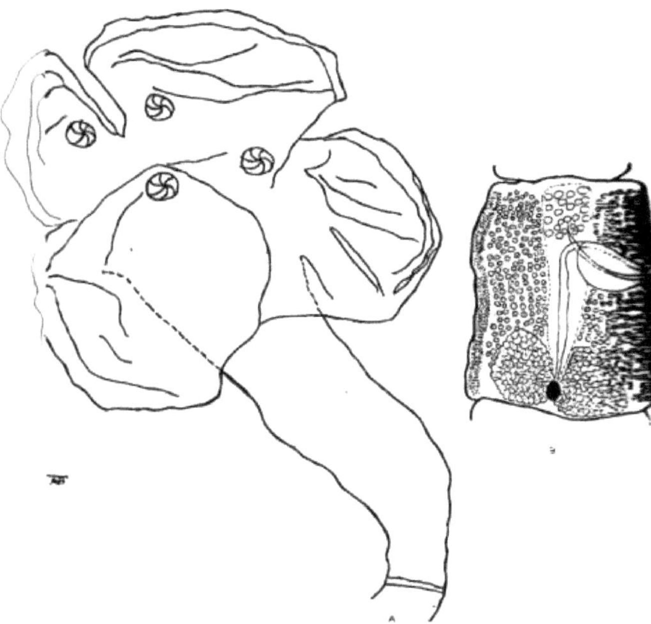

1,178 em largura A vagina começa no poro genital comum, anterior à bolsa do cirro, é larga, corre obliquamente e em linha reta até ao meio do segmento, depois faz uma curva posteriormente. Passa no meio do segmento, alcança e abre-se no oótipo e mede 3,339 de comprimento e 0,0357 -0,714 de largura. O oótipo é grande, de forma oval, posteroventral ao ovário e mede 0,300 de comprimento e 0,214 de largura. Os poros genitais são redondos, de tamanho médio, irregularmente alternados, imediatamente anteriores ao meio e medem 0,357 de diâmetro. O útero é sacular, um saco grande, nasce do cotipo, estende-se e alarga-se anteriormente. Contém poucos ovos na parte anterior e mede 3,107 em comprimento e 0,196-0,694 em largura.

Os vitelários são foliculares, na região cortical, dispostos em duas fileiras, em cada face lateral, da margem anterior para a posterior dos segmentos. Exceto na região da bolsa do cirro.

DISCUSSÃO

Depois de analisar a literatura, os vermes actuais assemelham-se a Phyllobothrium foliatum Linton, 1890 em muitos caracteres, mas diferem dele nos poucos caracteres seguintes.

1. Os vermes em discussão diferem de P. Foliatum na estrutura e no tamanho dos bothridia (4, grossos, semelhantes a pétalas contra 4. finos e semelhantes a folhas)

2. O presente cestode difere do mesmo no número de testículos (282-290 contra numerosos, 120-130)

3. As ténias actuais diferem dela na posição dos vitelários (em duas filas e na região corticular, em vez de 2-3 filas e na região subcorticular do segmento)

Uma vez que os caracteres são menores, é aqui redescrito como Phyllobothrium foliatum linton, 1890, Linton relatou os seus vermes de Trygon centrura em Woods Hole e Drytortugas enquanto que estes vermes estão a ser relatados de Trygon sephen em Kakinada, A.P. (costa leste da Índia), Índia.

Espécie-tipo	Phyllobothrium foliatum Linton, 1890.
Anfitrião	Trygon sephen Cuvier, 1871
Habitat	Válvula em espiral,
Localidade	Kakinda, A.P. (Costa Oriental da Índia) Índia.
Data de recolha	9 de abril de 1988.
Eucestoda	Wardle, Mcleod e Radinovasky. 1974.
Tetraphyllidea	Carus, 1863.
Onchobthridae	Braun, 1900.
Acanthobothrium	Van, Beneden, 1949.

Acanthobothrium ijimai Yoshida, 1917

DESCRIÇÃO

Cinco parasitas cestódeos foram recolhidos do intestino espiral de Dicerobatis eregodoo em Kakinada, A.P. (costa leste da Índia), Índia, no mês de abril de 1988. Os vermes são constituídos por um escólex quase quadrangular, um pescoço longo e vários segmentos.

O escólex é distinto, grande em tamanho, quase quadrangular em forma, tem quatro bothridia sésseis e mede 4,875 em comprimento e 4,267-4,55 em largura. Cada bothridium é dividido em 3 loculi, por dois septos transversais, o loculus anterior é maior do que o médio e o posterior. O loculis anterior grande possui um par de ganchos bifurcados e mede 1,0891,589 de comprimento e 0,517-1,232 de largura.

O lóculo médio é de tamanho médio e mede 0,696 de comprimento e 1,357-1,428 de largura. O lóculo posterior é de forma oval e mede 0,607-0,785 de comprimento e 1,053-1,232 de largura. Os ganchos são bifurcados e medem 0,272-0,292 de comprimento e 0,050-0,105 de largura. Os ganchos possuem um tubérculo, que é curvo e mede 0,140-0,154 de comprimento e 0,62 de largura.

O pescoço é longo, cilíndrico, muito musculado e mede 18,053 de comprimento e 0,821-0,982 de largura.

Os segmentos maduros são mais compridos do que largos, quase duas vezes mais compridos do que largos, com margens laterais ligeiramente curvas e medem 2,232 em comprimento e 1,54 em largura. Os testículos são de tamanho médio, de forma arredondada, em dois campos, ocupando os lados laterais do útero, pré-ovarianos, distribuídos de forma quase desigual, em 2-4 filas de cada lado, em número de 90-95 e medindo 0,035-0,053 de diâmetro. A bolsa do cirro é pequena. De forma oval, abre-se submarginalmente, na região corticular, situada perto do ovário, ligeiramente oblíqua, dirigida para a margem anterior do segmento e mede 0,41 de comprimento e 0,1 de largura. O cirro é fino, reto, mede 0,375 de comprimento e 0,035 de largura. O canal deferente é fino, reto, curto e mede 0,16 de comprimento e 0,01 de largura.

O ovário é bilobado, com aspeto de mosca-manteiga, margem irregular, com numerosos ácinos foliculares, situado perto da margem posterior do segmento e mede 1,035 de comprimento e 0,571 de largura. A vagina é um tubo grosso e largo, anterior à bolsa do cirro, começa a formar o poro genital, corre obliquamente até ao meio do segmento, dá uma volta para trás, corre no meio do segmento, alcança e abre-se no ovário e mede 0,107 de diâmetro. Os poros genitais são pequenos, de forma quase redonda, regularmente alternados, submarginais, no parênquima corticular e medem 0,089 de diâmetro. Os canais excretores são finos e medem 0,035-0,071 de largura, o útero é um saco largo, situado na região medular do segmento, estende-se quase até à margem anterior do segmento e mede 1,553 de comprimento e 0,196-0,410 de largura.

FOTO N.º 2

Acanthobothrium Ijimai Yoshida, 1917

A : Scolex

B : Ganchos
C : Segmento maduro

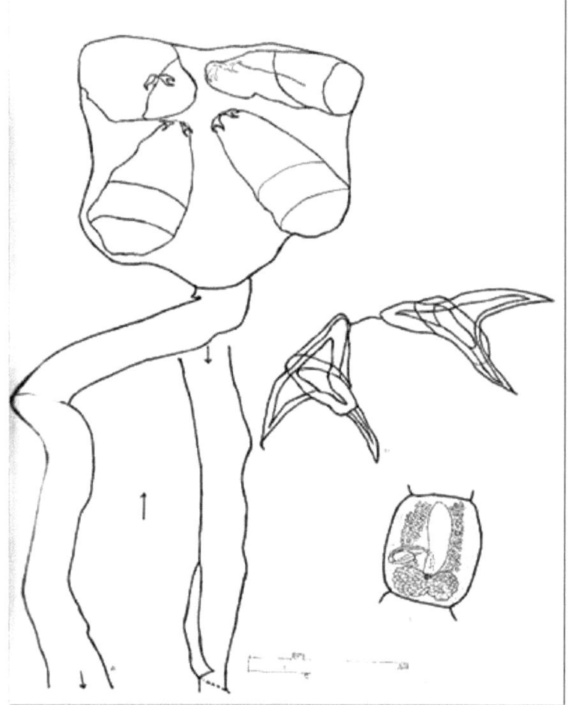

Os vitelários são faixas largas e granulosas que se estendem da margem anterior à margem posterior dos segmentos e em ambas as faces laterais dos segmentos.

DISCUSSÃO

Depois de analisar a literatura, verificou-se que o verme em discussão é A. ijimai Yoshida, 1917, no entanto, difere do mesmo nos seguintes caracteres.

1.   No comprimento do verme (20,50 Vs. 25-30)
2.   No número de segmentos (80-100 Vs. 70-90)
3.   Na posição dos poros genitais (no meio do segmento, colocados obliquamente Vs. posterior aos segmentos).
4.   No número de testículos (90-95 Vs. 90-100).

Como os caracteres acima são menores, é aqui redescrito como Acanthobothrlum ijimai Yoshida, 1917, enquanto que Yoshida registou os seus vermes a partir de kejei dasybatus, enquanto que estes vermes estão a ser registados a partir de Dicerobatis ereqoodoo. Trata-se de um novo registo. Trata-se de um novo registo de hospedeiro.

Espécie-tipo	Acanthobothrium ijimai
Anfitrião	Yoshlda, 1917.
Habitat	Dicerobatis ereqoodoo Válvula em espiral.
Localidade	Kakina.la, A.P. (costa leste da Índia), Índia.
Data de recolha	12 de abril de 1988.
Eucestoda	Wardle, McLeod e Radinovasky, 1974.
Tryp anorhyncha	Diesing, 1863.
	Dollfus, 19 35.
Gymnorhynchidae	Ruddolphi, 1819.
Gymnorhynchus	

Gymnorhynchus gigas cuvier, 1817.
DESCRIÇÃO

Sete exemplares do cestode paras ita recolhidos do intestino de Carcharias acutus em waitair. A.P., (costa basta da Índia), Índia, no mês de outubro de 1987.

O escólex é de comprimento médio, cilíndrico e mede 4,681 de comprimento e 0,397 - 0,93 de largura, dividido em três partes, a parte anterior é a pars bothridialis, a parte média é a pars vaginalis e a parte posterior é a pars bulbosa. A pars bothridialis é curta, pequena em tamanho, consiste em 4 bothridia sobrepostos, através dos quais quatro tentáculos armados e mede 0,397 - 0,556 em comprimento e 0,170-0,238 em largura. A para vaginalis la é constituída por tubos longos, que estão ligados anteriormente aos tentáculos e posteriormente aos bolbos, tubos não armados e medem 2,386 - 2,659 de comprimento e 0,056 - 0,079 de largura. A pars bulbosa possui quatro bolbos longos e tubulares, situados na região extrema posterior do escólex e mede 1,517 de comprimento e 0,178 - 0,285 de largura.

Os Bothridia são de forma oval, alongados, constituídos por quatro probóscides (tentáculos) protruíveis e medem 1,580 de comprimento e 0,160 de largura. Os tentáculos são longos, armados com cinco filas de ganchos, os ganchos estão apinhados, 4 ganchos são iguais, ou seja, rombos, com uma única ponta, curvos, pequenos, redondos numa extremidade e pontiagudos na outra. O gancho 5th é bipartido, grande, com pontas desiguais, com um cabo curto e largo, totalmente diferente dos outros ganchos. Os anzóis pequenos medem 0,077 - 0,086 de comprimento e 0,008 - 0,015 de largura, enquanto o 5° anzol mede 0,103 de comprimento e 0,01 - 0,034 de largura.

Os segmentos maduros são mais compridos do que largos, craspedotídeos e medem 1,022 de comprimento e 0,33-0,4 de largura. Os testículos são redondos, em 2-3 filas pré-ovarianas, situadas no meio dos segmentos.

FOTO NO. 3

Gymnothynchous gigas, cuvier, 1817

A : Scolex   B : Ganchos
C : Segmento maduro D : Segmento grávido

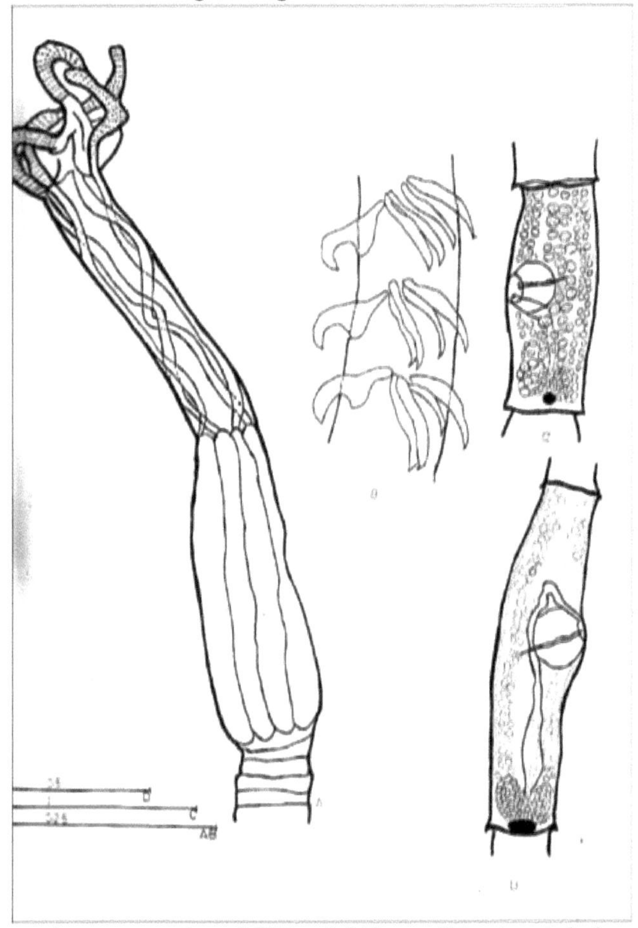

32 - 35 em número e medem 0,022 - 0,045 em diâmetro A bolsa do cirro é grande em tamanho, de forma oval, estende-se até ao meio dos segmentos e mede 0,212 em comprimento e 0,011 - 0,210 em largura O cirro é um tubo fino e reto e mede 0,220 em comprimento e 0,015 - 0,02 em largura O canal deferente é fino, curto e dirigido anteriormente e mede 0,055 em comprimento e 0,015 em largura.

O ovário é bilobado, com margem irregular, folicular, situado próximo à margem posterior dos segmentos e mede 0,287 de comprimento e 0,143 de largura. A vagina é um tubo grosso e largo, que parte do poro genital, alcança e se abre no oótipo, posterior à bolsa do cirro, enrolada e mede 0,545 de comprimento e 0,015 - 0,016 de largura.

O oótipo é ovalado, de tamanho médio, pós-ovariano, próximo à margem posterior dos segmentos e mede 0,030 de comprimento e 0,066 de largura, os poros genitais são marginais, de tamanho pequeno, ovalados e medem 0,13 de comprimento e 20,00 de largura. Os vitelários são foliculares, de forma oval, em duas filas, em cada lado lateral dos segmentos, na região corticular e subcorticular dos segmentos, pré-ovarianos e desde o ovário até à margem anterior dos segmentos, exceto na região da bolsa do cirro.

DISCUSSÃO

Depois de ter consultado a literatura, verificou-se que o verme em causa é Gymnorhynchus gigas Cuvier 1817. No entanto, difere dele nos caracteres dos filhos, que são os seguintes:

1. O cestode atual difere deste pela disposição dos ganchos (5 filas de ganchos, dos quais 4 são de tamanho médio, rombos, redondos numa extremidade e pontiagudos na outra; o quinto é bifurcado, contra um tamanho grande, tipo sabre).

2. A forma atual difere da mesma pelo número de testículos (32-35 em número, redondos contra 100, ovais, posteriores ao ovário, dispostos em dois grupos).

3. A ténia atual difere dela no comprimento dos segmentos maduros (mais compridos do que largos, mais do dobro do comprimento, contra seis vezes mais largos do que compridos).

Uma vez que as personagens são menores, é aqui redescrita como Gymnorhynchus gigas Cuvier,1817. Cuvier relatou os seus vermes de Dasybatus walga das margens do Ceilão, enquanto estes vermes estão a ser relatados de Carcharias acutus em waltair, A.P. costa leste da Índia.

Espécie-tipo   Gymnorhynchus gigas Cuvier,1817.

Anfitrião   Carcharias acutus.

Habitat   Válvula em espiral.

Localidade   Waltair, A.P. (costa oriental da Índia), Índia.

Data de recolha 10th April, 1987.

EucestodaWardle, McLeod eRedinovsky, 1974.

Tetraphyllidea Carus, 1863

Carpobothrium Shipley et Hornell, 1906.

Carpobthrium alii n.sp.

INTRODUÇÃO

O género Carpobthrium foi estabelecido por Shipley et Hornell (1906) com a sua espécie-tipo Corpobothrium chiloscylii de Chiloscyllium indicum nas águas do Ceilão. Southwell (1925) também registou esta forma de Rhynchobatus dieddensia e Urogymnus asperrinus no Ceilão e fez uma descrição completa e alterada. Linton (1890) descreveu este género como Anthobothrlum laciniaturn Var. brevlcollls mas Southwell (1925) referiu-o ao género Carpobothrium Subhapradha (1955) acrescentou mais uma espécie C. Megaphallum de chiloscyllium griseum em Madras (costa oriental da Índia). A presente comunicação trata de carpobothrlum alli n.sp. de Dumalepetha, A.P., (costa leste da Índia), Índia.

DESCRIÇÃO

Quinze espécimes de cestodes parasitas foram recolhidos do intestino espiral de um peixe marinho. Trygon sephen Cuvier, 1871 em Dumalpetha (costa oriental da Índia), A.P., Índia, no mês de março de 1988.

O escólex é espesso, musculado e mede 3,07l7 de comprimento e 4,821 de largura. É constituído por quatro bothridia, cada um terminando numa área plana cónica, que está ligada por um pedúnculo curto e mede 1,982 de comprimento e 2,285 de largura. A partir da extremidade distal do bothridium, surgem duas abas, cada uma com margem muscular, mas a periferia da aba é marcada por uma única fileira de loculos minúsculos. Cada bothridium é oco, abre-se anteriormente por uma abertura semelhante a uma fenda, que é rodeada por duas abas, sem almofada muscular. O pescoço é longo, largo e mede 2,25 de comprimento e 0,4460,735 de largura.

Os segmentos maduros são mais largos do que longos e medem 0,969 de comprimento e 1,022 de largura. Os testículos são redondos, em número de 170-185, em 5 a 6 filas, em cada lado lateral do útero, alguns situados nos sobrelanioides, num único campo, uniformemente distribuídos e medindo 0,0220,037 de diâmetro. A bolsa do cirro é de forma cilíndrica, posicionada transversalmente, estende-se medialmente, quase até um terço do segmento e mede 0,356 de comprimento e 0,083 - 0,143 de largura. O cirro está contido na bolsa do cirro, um tubo espesso, largo e mede 0,280 de comprimento e 0,015 - 0,037 de largura. O canal deferente é um tubo grosso, largo, *que* corre em direção à margem anterior do segmento, enrolado e mede 0,318 de comprimento e 0,015 - 0,030 de largura. O ovário é indistintamente globoso, compacto, situado transversalmente, próximo da margem posterior do segmento e mede 0,621 em comprimento e 0,068 - 0,151 em circunferência, corre transversalmente, até ao meio do segmento, vira-se para o lado posterior, enrola-se, abre-se no oótipo e mede 0,848 em comprimento e 0,015 - 0,037 em largura. Os poros genitais são pequenos, redondos, submarginais, irregularmente alternados, quase a meio da margem anterior do segmento e medem.

FOTO NO. 4

B : Segmento maduro

Carpobthrium alii n.sp.

A : Scolex

B : Segmento maduro

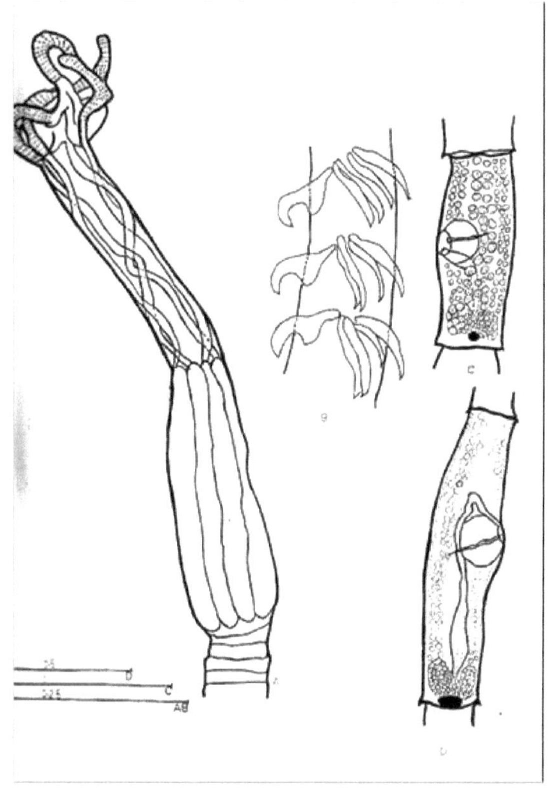

0,053 de diâmetro. O oótipo é de forma redonda, de tamanho médio e mede 0,060 de diâmetro.

O útero é sacular, estende-se quase até a margem anterior do segmento e mede 0,371 de comprimento e 0,068 - 0,128 de largura.

Os vitelários são granulares, em faixas largas, nas regiões corticais e subcorticulares e da margem anterior à posterior do segmento.

DESCUSSÃO

O género Carpobothrlum foi estabelecido por Shipley et Hornell (1906) com a espécie-tipo CnrpobothrJl chlloscvlil de Chlloscylllum indlcum nas águas do Ceilão. Mais tarde, foram acrescentadas as seguintes espécies a este género:

1. Carpobothrlum chilloscylli Southwell, 1925,
2. Carpobothrlum megbhallum subhapradha,1955.
3. C. Subhapradhi, 1978.

1. O verme em discussão tem escólex espesso e musculoso, 4 bothridia na mextremidade distal, com duas abas e uma abertura semelhante a uma fenda na extremidade anterior do pescoço, segmentos maduros mais largos do que longos, testículos de tamanho pequeno, 170 - 185 em número, em 5 - 6 filas de cada lado, bolsa do cirro cilíndrica, estende-se transversalmente. Irregularmente alternados; útero sacular e vitelária granular; difere de Carpobothrium chiloscylli Shipley et Homeil,1906 que tem os testículos 100-150 estendidos posteriormente à bolsa do cirro, bolsa do cirro de forma oval, recetáculo semlnis presente e útero estendido anteriormente à bolsa do cirro.

2. O presente cestódeo difere de C. meoaphvllum, que tem uma única aba bothridial; lóculos na margem da aba ausentes, testículos com cerca de 50, não se estendem posteriormente à bolsa do cirro; bolsa do cirro em forma de "U", as utentas não se estendem anteriormente à bolsa do cirro e oótipo abaixo do ovário.

3. A presente tênia difere de C. subhapradhi 1978, que tem loculo na margem da aba ausente, leva 85, não externa posterior a bolsa do cirro, bolsa do cirro oval o útero se estende pouco anterior a bolsa do cirro e o oótipo abaixo do ovário.

O quadro que mostra os pormenores das diferenças entre as espécies do género é apresentado no final.

Tendo em conta as diferenças discutidas, considera-se que a forma atual constitui uma nova espécie, para a qual se propõe o nome Carpobothrium n.sp. em homenagem ao Dr. Syed Mehdi Ali. Ex. Professor e Diretor do Departamento de Zoologia, Marathwada Uni. Aurngabad, que muito contribuiu para o nosso conhecimento de Helmintologia.

Espécie-tipo	Carpobothrlum alli n.sp.
Anfitrião	Tryoon sephen, cuvier 1871
Habitat	Válvula em espiral.
Localidade	Dumalpetha, A. p., (costa oriental da Índia), Índia. [10]
Data de recolha	de março de 1988.

Quadro com a descrição comparativa das espécies de Carpobothrium Shipley et Hornell, 1906.

Personagens	Carpobothrium Chiloscylii Shipley et Hornell,1906	C. megaph allum subha pradha, 1955	C.alli n.sp.	C.subhapradhi

Comprimento e largura do vermes	10 mm-400 mm	12 mm-300 mm	9 mm-280-300 mm	4 a 6 mm 250-260 mm
Retalho Bothridial	Duplo	Individual	Duplo	Duplo
Loculi na margem do retalho	Presente	Ausente	Presente	Ausente
Testes	100-150 estender-se posteriormente à bolsa do cirro	Cerca de 50 não se estendem para além da bolsa de cirros	170-185, em 5-6 carreiras em cada lado lateral. Colocados nos lóbulos dos ovários	85, não se estender para além da bolsa de cirros
Recetáculo seminal	Presente	Ausente	Ausente	Presente
Útero	Estende-se anteriormente à bolsa do cirro	Os boes não se estendem anteriormente à bolsa de cirros	O sacular estende-se até à margem anterior dos segmentos	Estende-se um pouco antes da bolsa do cirro
Oótipo	Entre os cirros do ovário	Abaixo do ovário	Entre os membros do ovário	Abaixo do ovário
Anfitrião	Chiloescyllin indicum	Chiloscyllium griseum	-	Cinglymostoma concolor
Localidade	Ceilão	Madras, Índia	Dymalpetha, A.P. Índia	Retnagiri, Índia

Chave para as espécies do género
Caropobthrium Shipley et Hornell, 1906.

Aba botridial única ... . C. megaphallum Subhapradha, 1955.
Duplo retalho Bothridial ... 1
1) Presença de lóculos na ... margem do retalho ... 2) Ausência de lóculos na margem do retalho C. subhapradhi n.sp. Deshmukh e Shinde,1978.
2) Recetáculo seminífero presente. C. Chiloscylli Shipley et Hornell,1906.
Ausência de recetáculo seminal. C.alli n. sp.
Eucestoda Wardle, McLeod e Radlnovaky, 1974.
Lecanicephalidea Baylis,1920.
 Lecanicephalidae Braun,1900.

Tylocephalum Linton,1890.

Tylocephalum dicerobatisae n.sp.
INTRODUÇÃO

O género Tyloceohalum foi criado por Linton, 1890 com a espécie tipo T. pingue de Rhinoptera quadriloba em Woods Hole e também registada em R.bonasus. Shipley et Hornell, 1905 registaram T. aetiobatis em Aetiobatis narinari e Dasybatus walga no Ceilão, Linton (1916) registou T. Marsupium em Aetiobatis narinari Yamaguti (1934) registou T. squatinae em squatina japonica na Baía de Toyama, Japão. Southwell (1925) descreveu T. yorkei de Aetiboatis narinari em puri, Orissa, Índia.

Subhapradha (1955) descreveu T. elongatum e T. minutum de Rhynchobatus dieddensis na Índia. Chincholikar e Shinde (1980) registaram T. Madhukari de Trygon sp. em Ratnagiri, MS, e na Índia. Jadhav e Shinde registaram T. Singhii (1981) em Trygon zugei e T. Bombayensis em Trygon sephen em Bombaim. Posteriormente, não foi acrescentada nenhuma espécie a este género.

A presente comunicação trata da descrição de uma nova espécie, ou seja, T. dicerobatisae n.sp. De dicerobatis eregoodoo Blecker.

DESCRIÇÃO

Cinco cestodes parasitas foram recolhidos do intestino de um peixe marinho Dicerobatis eregoodoo, Blecker em Waltair, A.P. (costa leste da Índia), Índia, no mês de abril de 1988.

O escólex é pequeno em tamanho, de forma globular, dividido em duas regiões, anterior e posterior, e mede 0,643 em comprimento e 0,34 - 0,87 em largura. A região anterior é pequena, de forma oval, mede 0,481 de comprimento e 0,687 de largura e a região posterior é grande. Quase globular, com quatro ventosas acessórias, mede 0,651 de comprimento e 0,803 de largura. As ventosas acessórias são pequenas, de forma oval e medem 0,833 de comprimento e 0,061 de largura.

O pescoço é curto, largo e mede 0,575 de comprimento e 0,303 - 0,446 de largura.

Os segmentos maduros são de tamanho pequeno, com margens laterais rectas, uma vez e meia mais compridos do que largos e medem 1,075 de comprimento e 0,742 de largura. Os testículos são grandes, de forma oval, em número de seis, pré-ovarianos; estendem-se do ovário à margem anterior do segmento, dispostos em fila única, quase na região aboral do segmento, na região medular e medem 0,181 de comprimento e 0,6 - 0,15 de largura. A bolsa do cirro tem forma oval, tamanho médio, abre-se submarginalmente na região corticular, posicionada obliquamente, dirigida anteriormente e mede 0,25 de comprimento e 0,007 -0,183 de largura. O cirro é fino, enrolado, contido na bolsa do cirro e mede 0,310 de comprimento e 0,22 - 0,37 de largura. O canal deferente é fino, curto, curvo, estende-se medialmente e mede 0,045 de comprimento e 0,015 de largura.

O ovário é de tamanho médio, bilobado, de margem irregular, com numerosos ácinos, situado perto da margem posterior da extremidade do segmento, mede 0,50 de comprimento e 0,007 de largura. Os lóbulos dos ovários são pequenos, de forma oval e quase iguais em tamanho. A vagina é larga, posterior a.

FOTO N.º: 5

Tylocephalum dicerobatisae n.sp.
A: Scolex B: Segmento maduro
C: Bolsa de cirros ampliada

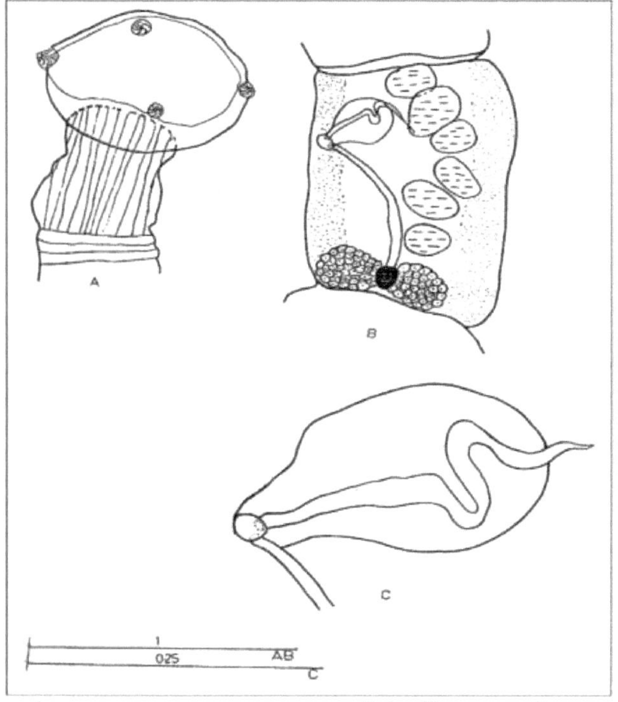

A bolsa do cirro, que começa no poro genital, dá uma volta posterior, corre obliquamente e posteriormente, no meio do segmento, alcança e abre-se no oótipo e mede 0,310 em comprimento e 0,015 - 0,022 em largura. Os poros genitais são de tamanho pequeno, de forma oval, irregularmente alternados e medem 0,068 de comprimento e 0,038 de largura. O oótipo é de tamanho médio, de forma oval, ventral ao ovário, orientado no sentido ântero-posterior e mede 0,106 em comprimento e 0,068 em largura.

Os vitelários são faixas largas, granulares, na região corticular e sub-corticular do segmento de cada lado e da margem anterior à posterior dos segmentos.

DISCUSSÃO

O género Tylocephalum foi estabelecido por Linton em 1890 com uma espécie tipo T. Pinque de Rhinoptera quadriloba em wood hole. Mais tarde, as seguintes espécies foram acrescentadas a este género.

1. T. dierema Shipley et Homell, 1906.
2. T. marsupium Linton, 1906.

3. T yorkei Southwell, 1925.
4. T. elongatum Subhapradha, 1955.
5. T. minutum Subhapradha, 1955.
6. T. madhukari, Chincholikar, 1975.
7. T. shinghii, Jadhav e Shinde, 1981.
8. T. bombayensis, Jadhav, 1983.

(1) O verme em discussão tem a região anterior do escólex de forma oval, difere de T. pingue globosa, T. dierama de forma variável; T. marsupium relativamente grande, yorkei em forma de almofada, T. elongatum região anterior tão longa quanto a posterior, T. madhukari região anterior comprimida e menor, região posterior curta, indistinta, T. singhi região anterior curta, indistinta, comprimida e posterior menor e T. bombayensis redonda.

(2) A presente tênia, por ter testículos 6 em número, difere de T. dierema 50; T. cinque 20-27, T. marsupiura 31-32, T. vorkei 32-36, T. elonaatum 40, T. minutum 33, T. madhukari 16, T.singhii 70-80 e T. bomayensis 31-38.

(3) O presente verme, por ter o ovário bilobado, com margem irregular e numerosos ácinos, difere de T. pinque transversal, T. dierema bilobado; com ácinos muito pequenos e alongados; T. minutum não mencionado; T. madhukari compacto, granular, em forma de feijão, T. singhii bilobado, em forma de U e T. bombayensis grosseiramente bilobado ou cilíndrico em banda transversal.

(4) O presente cestode tem um pescoço distinto e curto. Enquanto que o mesmo está presente em T. dierema. T. singhii e T. bombayensis, mas está ausente em todas as espécies relatadas anteriormente.

(5) Na forma atual, os vitelários são granulares, faixas largas no campo corticular e subcorticular do segmento, que são granulares em T. marsupium, T. madhukari e T. bombayensis, enquanto os mesmos são foliculares em T. pingue, T. dierama. T. yorkei, T. elongatum, T.minutum e T. singhii.

O quadro comparativo no final apresenta outras características distintivas.

Os caracteres acima mencionados, justificam o reconhecimento destes vermes como uma nova espécie e, portanto, o nome Tylocephalum dicerobatisae n.sp. é proposto após o nome genérico do hospedeiro.

Espécie-tipo	Tylocephalum dicerobatisae n.sp.
Anfitrião	Dicerobatis erogoodoo Blecker.
Habitat	Intestino.
Localidade	Waltair, A.P. (Costa Oriental da Índia), Índia.
Data de recolha	4 de abril de 1988.
Eucestoda	Wardle, McLeod e
Lecanlcephalidea	Radinovasky, 1974.
Ideia de Lecanicephal	Baylis, 1920.
Tylocephalum	Braun, 1900.
	Linton, 1890.

Tylocephalum namdeoi n.sp.
DESCRIÇÃO

Os parasitas cestódeos foram recolhidos do intestino de um peixe marinho dicerobatis eregodoo em Waltair, A. P., (costa leste da Índia), Índia, no mês de abril de 1988.

O escólex é grande, globular, dividido em duas regiões, anterior e posterior, mede 1,143 de comprimento, 0,530 - 1,084 de largura. A região anterior é de tamanho pequeno, quase triangular, oval, mede 0,689 de comprimento e 0,409 - 0,901 de largura. A região posterior é maior do que a anterior, oval, com quatro ventosas acessórias e mede 1,143 de comprimento e 0,409-0,901 de largura. Ventosas acessórias médias, de tamanho oval e medem 0,136 de largura.

O pescoço é curto, largo, mede 1,166 de comprimento e 0,348 - 0,386 de largura.

Os segmentos maduros, de tamanho pequeno, mais compridos do que largos, duas vezes e meia mais compridos do que largos, com margens laterais rectas, projectando-se para fora nos cantos posteriores, medem 1,28 em comprimento e 0,341 - 0,49 em largura. Os testículos, pequenos, redondos, em número de 172 - 175, pré-ovarianos, estendem-se desde o ovário até às margens anteriores do segmento, distribuem-se irregularmente num único campo e medem 0,015 - 0,023 de diâmetro. A bolsa do cirro é pequena, cilíndrica, abre-se marginalmente, está situada obliquamente, orientada anteriormente e mede 0,151 de comprimento e 0,068 -0,098 de largura. O cirro é fino, ligeiramente curvo, está contido no interior da bolsa do cirro e mede 0,159 em comprimento e 0,008 em largura. O canal deferente é fino, curto, reto, oblíquo, estende-se em direção à margem anterior do segmento e mede 0,106 em comprimento e 0,008 em largura.

O ovário é pequeno, bilobado e situado perto da margem posterior do segmento. Os lobos ovarianos são desiguais, o lobo poral é maior que o lobo aporal e mede 0,249 de comprimento e 0,075 - 0,099 de largura.

A vagina é larga, tubular, póstero ventral à bolsa do cirro, corre obliquamente por uma curta distância, depois faz uma curva, corre posteriormente, no meio do segmento, alcança e abre-se no oótipo mede 0,818 de comprimento e 0,024-0,038 de largura, O oótipo pós-ovário, de tamanho médio, forma arredondada, com margem irregular e mede 0,045 de diâmetro. Os poros genitais são pequenos, ovais, marginais, situados imediatamente antes do meio dos segmentos e medem 0,033 de comprimento e 0,030 de largura. O útero é sacular, irregular, nasce a partir do oótipo e mede 0,864 de comprimento e 0,765 - 0,265 de largura.

A vitelária é granular, em tiras finas, situada no campo corticular do segmento e da margem anterior à posterior dos segmentos.

FOTO: 6

Tylocephalum namdeoi n.sp.

A: Scolex

B: Segmento maduro

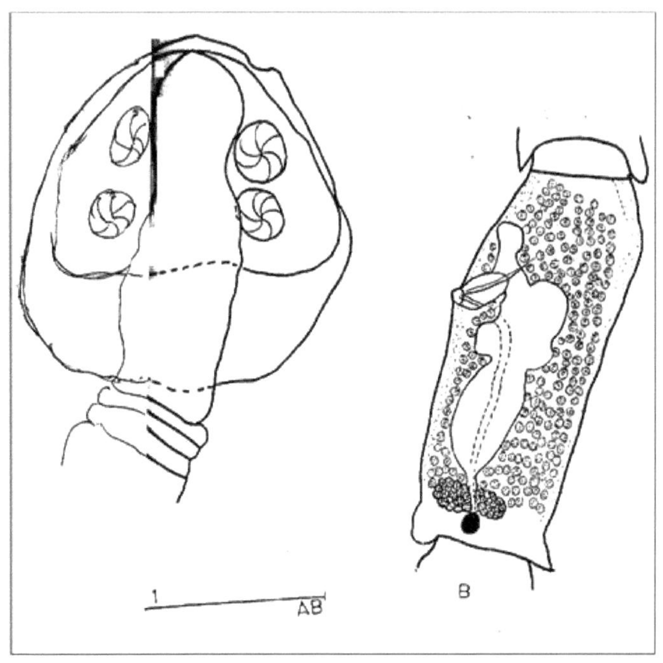

DISCUSSÃO

O género Tylocephalum foi criado por Linton, 1890 com a sua espécie tipo, T. pingue de Rhinoptera quadriloba em Woods Hole e também registada em Bonasus.

Mais tarde, foram acrescentadas as seguintes espécies a este género:

1. Tylocephalum dierama Shipley et Hornell, 1906.
2. T. marsupium, Linton, 1906
3. T. yorkei Southwell, 1925
4. T. elongatum Subhapradha, 1955
5. T. minutum Subhapradha, 1955
6. T. madhukarl Chincholikar, 1975.
7. T. singhii Jadhav e Shinde, 1981.
8. T. bombayensis Jadhav, 1983.
9. T. dicerobatlsae n.sp.

1. No verme em discussão, o escólex é globoso, região anterior menor que a posterior, enquanto o mesmo em T. minutum região anterior menor que a posterior, em T. pingue globoso, em T. dieram uma forma variável, em T.maraupium relativamente grande, em T. yorkei em forma de almofada, em T. elongatom a região anterior é tão longa quanto a posterior, em T. madhukari a região anterior é subglobular, em T. singhii a região anterior é comprimida e em T. bombayensis é redonda.

2. Na presente ténia, o pescoço é curto, distinto; enquanto que o mesmo está presente

em T. dierama, T. bombayensis, mas está ausente em todas as espécies anteriormente descritas.

3. No presente céstode, os testículos são em número de 172 - 175, distribuídos de forma desigual; enquanto que no T. pingue são em número de 20 a 27, no T. dierama 50, em T. marsupium 31 a 32, em T. yorkei 30 - 36, em T. elongatum 40, em T. minutum 33, em T. madhukari 16 em T. T.singhii 70-80 em T. bombayensis 31 - 38 e em T. dicerobatisae n.sp. (descrita anteriormente) 4. Na presente forma, o ovário é pequeno, bilobado, com lóbulos ovarianos desiguais em tamanho; enquanto o mesmo em T. pingue é transversal, em T. dierama bilobado, com acinos muito pequenos e alongados, em T. marsupium lobado, em T. yorkei pequeno, bilobado; em T. elongatum bilobado, com acinos pequenos, em T. minutum não mencionado, em T. madhukari compacto, granular, em forma de feijão; em T. singhii bilobado, em forma de "U"; em bombayensis grosseiramente bilobado cilíndrico e em T. dicerobatisae n.sp. (Descrito anteriormente) bilobado, com margem irregular.

5. Na forma atual, os vitelários são granulares, com tiras finas, no campo corticular do segmento, que são granulares em T. marsupium, T. madhukari. T. bombayensis e T. dicerobatisae (descritas anteriormente), enquanto que as mesmas são foliculares em T. pingue, T. dierama, T.yorkei, T. elongatum, T. minutum e T. singhii.

Os caracteres acima mencionados tornam necessária a criação de uma nova espécie, para acomodar esses vermes em uma nova espécie e, portanto, o nome Tylocephalum namdeoi n.sp, é proposto, em homenagem a Shri Namdeo

Kashinathrao Mote, pai do autor, pela sua inspiração e encorajamento para a conclusão deste trabalho

Espécie-tipo	Tylocephalum namdeoi n.sp.
Anfitrião	Dicerobatis eregodoo Bleckar.
Habitat	válvula em espiral.
Localidade	Waltair, A.P. (costa oriental da Índia), Índia.
Data de recolha	4 de abril de 1988.

Quadro com a descrição comparativa das espécies de Tylocephalum Linton 1890.

Personagens	T.pingue Linton, 1890	T.dierama Shipley et Hornell,1906	T.marsupium Linton,1906	T.Yorkei Southwell, 1925
Scloex	Globoso	Forma variável	Relativamente grande	Em forma de almofada
Pescoço	Ausente	Presente	Ausente	Ausente
Testes	20-27	50	30-32	30-36
Ovário	Transversal	Bilobado com acinos muito pequenos e alongados	Bil Lobed	Pequeno bilobed

Vitellaria	Folicular, em duas filas de cada lado	Folicular	Granulado	Folicular numa fila
Anfitrião	Rhynoptera quadribola R.bonasus	Myliobatis maculata	Aetobstis narinari	Aetobatis narinari
Personagens	*T.elongatum Subhapradha, 1955*	*T. minutum Subhapradha, 1955*	*T.madhukari Chincholikar, 1975*	*T.singhii Jadhav e Shinde, 1981*
Scloex	Anterior, região posterior longa	Anterior, região mais pequena do que a posterior	Região anterior Subglobular	Região anterior comprimida e mais pequena do que a posterior
Pescoço	Ausente	Ausente	Ausente	Curto em distinto
Testes	40	33	16	76-80
Ovário	Bilobado com ácinos muito pequenos	-	Compacto, granulado, em forma de feijão	Bilobado em forma de U
Vitellaria	Folicular	Folicular, numa das fileiras	Granulado	Folículo vitelino numeroso nos campos laterais
Anfitrião	Rhynochobatus dieddensis	Aetobstis narinari	T.sephen	Trygon Zugei

Personagens	*T.elongatum bombeyensis Jadhav 1983*	*T.namdeoi n.sp.*	*T.dicerobaris n.sp.*
Scloex	Redondo	Forma globular, com a região posterior maior do que a anterior	Globular
Pescoço	Curto	Pouco distinto	Pouco distinto
Testes	31-38	172-175	6
Ovário	Regularmente bilobado, cilíndrico	Bilobado	Bilobado com margem irregular, numerosos ácinos
Vitellaria	Granular nos campos laterais	Granulado	Pontas largas granulares na região corticular e subcorticular

| Anfitrião | Trygon sephen | Dicerobatis eregodoo | Dicerobtis eregodoo |

Chave para o género Tylocephalum, 1890.

Pescoço presente	1
Ausência de pescoço	2
1) Forma variável do Scolex	T. dierma
	Shipley e Hornell 1906.
Escólex, região anterior comprimida	
E mais pequeno do que o posterior	T. singhii
	Jadhav e Shinde, 1981.
Scolex, arredondado	bombayensis
	Jadhav, 1983.
Escólex globular	3
2) Scolex globose ...	T. pingue, Linton, 1890
Scolex relativamente grande ...	T. marsupium, Linton, 1906
Forma da almofada Scolex	T. yorkei
	Southwell, 1925
Escólex, região anterior como ...	T.elongatum
Longo como a região posterior	Subhapradha, 1955.
Região anterior do escólex mais pequena ...	T. minutum
Do que posterior	Subhapradha, 1955.
Região anterior do escólex subglobular	T. madhukari
	Chincholikar, 1975.
3) Testes em número de 6 ...	T. dicrobatisae.n.sp.
Testes 172-175 ...	T.namdeoi n.sp.
Eucestoda	wardle, McLeod e Radinovasky, 1974.
Lecanicephalidae	Baylis, 1920.
Lecanicephalidae	Braun, 1900.
Tylocephalum	Linton, 1890.

Tylocephalum dierama Shipley et Hornall, 1906.
DESCRIÇÃO

Cinco cestodes parasitas foram recolhidos do intestino de um peixe marinho Carcharias acutus em (costa leste da Índia), A.P., Índia, no mês de outubro de 1987.

O escólex é grande, globular, dividido em duas regiões, anterior e posterior, medindo 0,321 de comprimento e 0,386 de largura. A região anterior é romba, redonda e oval, mede 0,228 de comprimento e 0,138 - 0,329 de largura. A região posterior é grande, quadrangular, com quatro ventosas acessórias e mede 0,10 - 0,20 de comprimento e 0,39 de largura. As ventosas acessórias são pequenas, de forma oval, situadas nos cantos, colocadas de forma equidistante e medem 0,0485 de comprimento e 0,021 de largura. O pescoço é curto, largo, mede 0,161 de comprimento e 0,231 de largura.

Os segmentos maduros são pequenos, de forma quase quadrangular, a parte posterior de cada segmento sobrepõe-se ao segmento seguinte e medem 0,781 em comprimento e 0,543 -0,795 em largura. Os testículos são de tamanho médio, de forma oval, distribuídos uniformemente, em 5-6 filas, em número de 30 a 35, na medula central, num único campo, pré-ovariano, desde o ovário até à margem anterior dos segmentos e medem 0,67 em comprimento e 0,048 - 0,067 em largura. Os canais excretores longitudinais são finos e medem

0,004 de largura. A bolsa do cirro é grande, de forma oval, abre-se marginalmente, ligeiramente oblíqua, dirigida para posterior, a um terço da margem anterior do segmento e mede 0,242 em comprimento e 0,53 - 0,164 em largura. O cirro é fino, reto, contido na bolsa do cirro e mede 0,043x0,014 de comprimento e largura, respetivamente. O canal deferente é fino, longo, estende-se para além do meio do segmento e mede 0,310 em comprimento e 0,004 em largura.

FOTO NO. 7

Tylocephalum dierama, Shipley et Hornel, 1906

A   : Scolex

B   : Segmento maduro

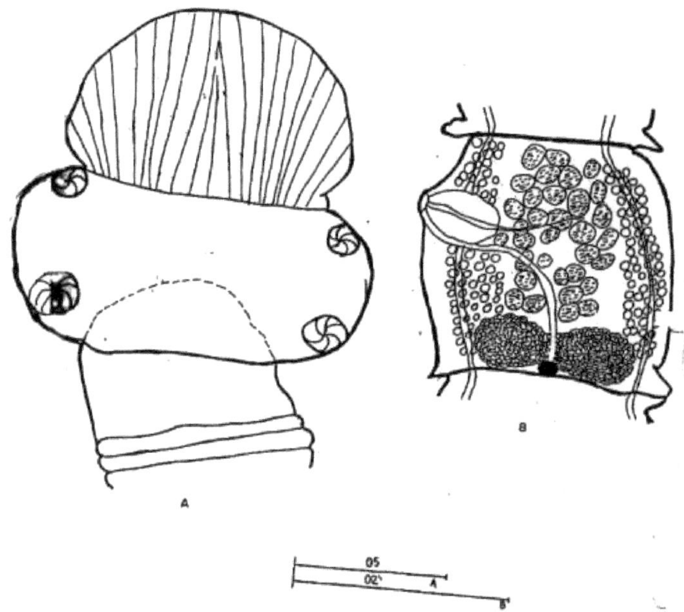

O ovário é grande, bilobado, situado perto da margem posterior do segmento e mede 0,578 de comprimento e 0,101 - 0,174 de largura. Os lóbulos dos ovários são grandes e com ácinos foliculares. A vagina é fina, posterior à bolsa do cirro, começa no poro genital, corre transversalmente por uma curta distância, dá uma volta posterior, corre obliquamente, alcança e abre-se no oótipo e mede 0,580 de comprimento e 0,0097-0,019 de largura. O oótipo é pequeno, de forma oval, posteroventral ao ovário e mede 0,038 de comprimento e 0,058 de largura.

Os vitelários são foliculares, situados no campo corticular do segmento, em 4-5 filas de cada lado, de forma oval e medem 0,029 de comprimento e 0,033 de largura.

DISCUSSÃO

Após consulta da literatura, verificou-se que o verme em discussão é o Tylocephalum dierama Shipley et Hornell, 1906, no entanto, difere deste nos mesmos caracteres, que são os seguintes:

1. O escólex é globular, a região anterior é arredondada e romba, contra uma forma variável.

2. O número de testículos é de 30 a 35 contra 50.

3. O ovário é bilobado, com ácinos foliculares em vez de bilobado com ácinos alongados muito pequenos.

Uma vez que os caracteres acima referidos são pouco significativos, a espécie é aqui novamente descrita como Tylocephelum dierama Shipley et Hornell, 1906.

Shipley et Hornell (1906) registaram T. diereama em Myliobatis maculata no Ceilão. O presente verme está a ser registado em Charias acutus Muller e Henle, 1906 em Waltair, A.P. (costa leste da Índia), Índia. Trata-se de um novo registo de hospedeiro.

Espécie-tipo	Tylocephelum dierama Shipley et Hornell, 1906.
Anfitrião	Charias acutus Muller e Henle, 1906
Habitat	Válvula em espiral
Localidade	waltair, A.P. (costa oriental da Índia), Índia.
Data de recolha	10 de outubro de 1987.
Eueestoda	Wardle, McLeod e Radincve Jcy, 1974.

Lacanicephalidea

Lacanicephalidea

Tylocephalum

Lacanicephalidea	Baylls, 1920.
	Braun, 1900.
Tylocephalum	Linton, 1390.

Tylocephalum bombayensis Jadhav, 1983

DESCRIÇÃO

Cinco parasitas ceetódeos foram recolhidos do intestino de um peixe marinho, Rhynchobatus dieddensis, Canter. 1857 em Waltalr, A. P., (costa oriental da Índia), Índia, no mês de abril de 1988,

Os cestodes eram longos, finos, com escólex, segmentos imaturos e maduros. O escólex é de tamanho médio, de forma globular, dividido em duas regiões. Anterior e posterior e mede 1,043 de comprimento e 0,582 - 1,029 de largura. A região anterior é de tamanho pequeno, de forma oval, com bandas musculares divergentes e mede 0,558 de comprimento e 0,364 - 0,786 de largura. A região posterior é grande, de forma quase quadrangular, com quatro ventosas acessórias e mede 0,621 de comprimento e

1,101 de largura. As ventosas acessórias são de tamanho médio, de forma arredondada e medem 0,146 -0,164 de diâmetro.

O pescoço é curto, largo e mede 0,412 de comprimento e 0,470 de largura. Os segmentos maduros são grandes, mais compridos do que largos, quase quatro vezes e meia mais compridos do que largos, com margens laterais côncavas ou convexas e medem 0,809 de comprimento e 0,110 - 0,169 de largura. Os segmentos imaturos são mais largos do que compridos.

Os testículos são de tamanho médio e de forma arredondada. Em número de 54-55. Pré-ovarianos, dispostos em 4 filas, ocupam a região anterior de 1/3 do segmento. Anteriormente à bolsa do cirro. num único campo, desigualmente

Distribuídos, na medula central e medem 0,006 -0,012 de diâmetro. A bolsa do cirro é grande em tamanho, de forma oval, abre-se submarginalmente. Estende-se até à outra margem lateral do segmento, a extremidade curva mede 0,124 em comprimento e 0,050 - 0,102 em largura. O cirro é largo, reto, está contido na bolsa do cirro e mede 0,123 em comprimento e 0,003 - 0,013 em largura. O canal deferente é curto, fino e mede 0,017 de comprimento e 0,003 de largura.

O ovário é grande em tamanho, de forma quase quadrangular, perto da margem posterior do segmento, bilobado, lóbulos com margem irregular. Com numerosos ácinos, mede 0,260 de comprimento e 0,069-0,097 de largura. Os lobos porais são ligeiramente maiores do que os lobos aporais. A vagina é um tubo largo, começa a partir do poro genital comum, posteiormente ventral à bolsa do cirro, curva-se posteriormente e corre obliquamente e medialmente. Alcança e abre-se no oótipo e mede 0,379 de comprimento e 0,005 - 0,013 de largura. O oótipo é grande, de forma arredondada, pós-ovariano, próximo da margem posterior da extremidade do segmento e mede 0,053 de diâmetro. Os poros genitais são regularmente alternados, grandes em tamanho, de forma oral, submarginais, subcorticais em posição e medem 0,045 em comprimento e 0,025 em largura.

O útero é sacular; a trompa uterina é enrolada e nasce do oótipo. Corre anteriormente, ventralmente ao ovário, estendendo-se anteriormente à bolsa do cirro. Aumenta para um grande saco, que se estende até à margem anterior dos segmentos. Os vitelários são faixas largas e granulosas, em parênquima corticular, em cada lado lateral dos segmentos e estendem-se desde a margem anterior até à margem posterior das proglótides dos segmentos.

FOTO N.º 8

Tylocephalum bomboyensis Jadhav, 1983.

A: Scolex B: Segmento maduro

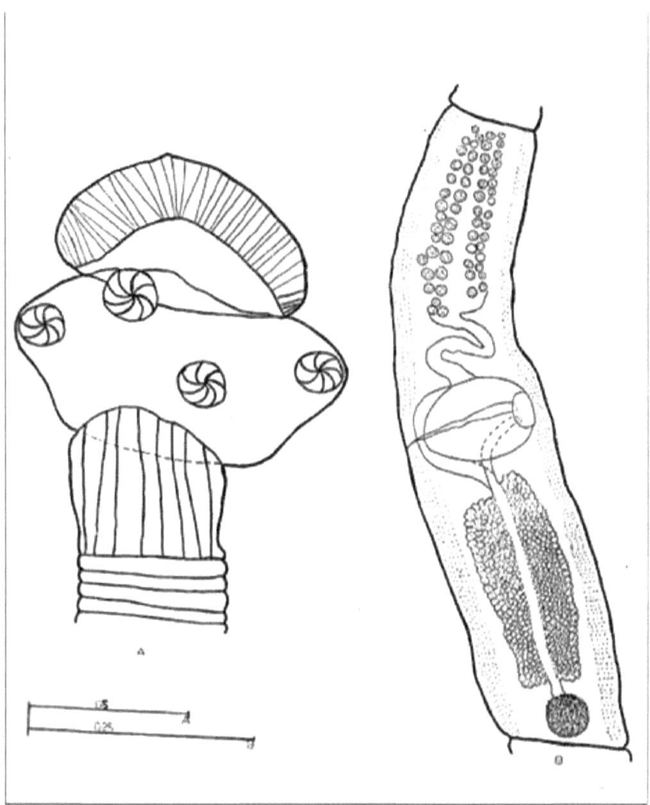

DISCUSSÃO

Depois de analisar a literatura, o verme em discussão acabou por ser T. bombayansis Jadhav, 1983. No entanto, difere dele em alguns caracteres, que são os seguintes:

1. Na forma da região anterior do escólex (ovalada em vez de arredondada)
2. Em forma de escólex (globular em vez de arredondado).
3. No número de testículos (54-55 contra 31-38)
4. Na forma do ovário (aproximadamente bilobado, quadrangular contra bilobado, cilíndrico),

Uma vez que as personagens acima mencionadas são menores, é aqui redescrita como Jadhav (1983) relatou T. bombayersis a partir de Trygoa sephen Cuvier, 1871 em Bombaim, (costa sul da Índia), Índia, quando, tal como o presente verme, está a ser relatado a partir de Rhynchobatus dieddensis Canter,1851 em

Espécie-tipo	Tylocephalym bombayensis Jadhav, 1983.
Anfitrião	Rhynchobatus dieddensis Canter,1851
Hobitat	Válvula em espiral.
Localidade	Waltair, A.P. (Costa Oriental da Índia), Índia. [th]

Eucestoda   Wardle, KcLeod e Radinovasky, 1974.

Lecanicephalidae

Lecanicephalidae   Baylis, 1920
                     Braun, 1900
Polypocephalus
                                     Braun, 1878.

Polypocephalus Shindei n.sp.

INTRODUÇÃO

Braun (1878) criou um novo género Polypocephalus com a sua espécie tipo P. radiatus que se caracterizava pela presença de tentáculos e ventosas no escólex. Linton (1889) obteve uma nova espécie de céstode do intestino de Trygon centrura, denominada Parataenia medusia n. gen. n.sp. O escólex da espécie de Linton tem uma grande semelhança com o de P. radiatus de Braun. Shipley e Hornell (1906) descreveram duas novas espécies de céstodes Thysanobothrium uarnakense e Anthobothrium pulchrum n.gen. n.sp. de Trygon uarnak e Trygon sephen, respetivamente. Ambos se assemelham ao género Polypocophalus Braun (1878) nos caracteres dos seus escólices. Parece evidente que estes autores não tinham visto nem o trabalho de Braun nem o de Linton, pois referem que os tentáculos são muito curiosos e, tanto quanto sabemos, únicos entre os cestodes. Em 1912, Southwell descreveu um novo céstode Parataenia elongata do intestino de Trygon kuhli. Posteriormente, em 1925, Southwell descreveu um novo céstode Parataenia elongata do intestino de Trygon kuhli. Posteriormente, em 1925, Southwell reduziu Parataenia Linton, Thysanobthrium Shipley e Hornell a sinónimos de Polypocephalus Braun e os solices destes últimos assemelham-se muito entre si, por serem globulares ou subglobulares, por possuírem tentáculos e pela presença de ventosas na superfície. Woodland (1930) fez um estudo detalhado de Parataenia, elongata Southwell e Parataenia, medusia Linton e confirmou a opinião de Southwell de que os dois géneros Polypocephalus e Parataenia eram sinónimos. Southwell considerou Thysanobthrium uarnakense Shipley e Hornell e Parataenia elongata Southwell como sinónimos de Polypocephalus radiatus Braun, mas nem Braun nem Shipley e Hornell descreveram os órgãos genitais. É duvidoso que estas três espécies sejam sinónimas.

Subhapradha (1951) redescreveu P. radiatus Braun e P. medusia Linton de Rhynchobatus granulatus, respetivamente. Registou seis novas espécies, nomeadamente P. rhinobatidis de Rhinobatus granulatus, P.vitellaris de Rhynchobatus dieddensis, P.lintoni de Rhynchobatus dieddensis e P. affinis de Rhinobatus granulatus de Madras (costa oriental da Índia). Yamaguti (1960) registou P. Yesicularis em Rhynchobatus schiegeli no Japão. Shinde (1976) redescreveu P. rhinobatidis subhapradha (1951) de espécies de Trygon, da costa ocidental da Índia. Shinde e Jadhav (1981) registaram quatro novas espécies de Polypocephalus i.e. P. katpurensis, P.alli e P. singhi de Rhynchobatus dieddensis e P. thapari de Trygon sephen, shinde (1982) registou P. braunii de Rhyncodon typus de Veraval, Índia.

Cinco novas espécies do género Polypocephalus foram registadas por Deshmukh, Jadhav e Shinde (1982), nomeadamente P. testicularis, P. digholi, P. indica, P. Prathibhii e P. Karbharae de Carcharias lacticaudus de Veraval (costa ocidental da Índia), Índia. Em 1986, Jadhav, Shinde e Sarwade acrescentaram uma nova espécie, ou seja, P. ratnagiriensis de Trygon zugei e, no mesmo ano, Jadhav e William Threfall acrescentaram P. Trygoni, recolhida na costa ocidental da Índia.

A presente comunicação trata de uma nova espécie, ou seja, Polypocephalus shindei n.sp. de Rhynchobatus dieddensls em Kakinada, A.P., (costa leste da Índia).

DESCRIÇÃO

Quinze vermes foram recolhidos da válvula espiral de Rhynchobatus dieddensis em Kakinada, A.P. (costa leste da Índia), Índia, no mês de abril de 1988.

O escólex é de tamanho médio, de forma quase oval, mais largo no meio, afunilando em ambas as extremidades e mede 0,548 de comprimento e 0,461 - 0,708 de largura e o escólex divide-se em duas regiões, a anterior e a posterior. A região anterior tem uma forma quase oval, de tamanho pequeno, da qual emerge uma coroa de 10 tentáculos que mede 0,577 de comprimento e 0,383 - 0,558 de largura. A região posterior é grande, com quatro ventosas acessórias. As ventosas acessórias estão situadas, duas nos cantos e duas na região central e medem 0,067 de diâmetro. O pescoço está ausente.

Os segmentos maduros são mais largos do que longos, quase uma vez e meia mais largos do que longos e medem 0,417 - 0,480 de comprimento e 0,572 - 0,640 de largura. Os testículos são de tamanho grande, de forma oval, em número de seis. Na região central do segmento, em linha, adjacentes uns aos outros, pré-ovarianos, desde o ovário até à margem anterior do segmento e medem 0,150 - 0,184 de comprimento e 0,067 - 0,77 de largura. Os cirros *rrd*

A bolsa é de tamanho médio, de forma oval, situada transversalmente, quase a 1/3 do segmento, abre-se marginalmente, estende-se medialmente até ao centro do segmento e mede 0,203 de comprimento e 0,11 - 0,121 de largura.

O cirro grosso, largo proximalmente, estreito distalmente, situado no interior da bolsa do cirro, mede 0,189 de comprimento e 0,048 de largura.

O canal deferente é um tubo fino, que corre em direção ao centro do segmento, reto, mede 0,043-0,053 de comprimento e 0,014 -0,019 de largura.

O ovário é bilobado, de tamanho médio, compacto, situado perto da margem posterior do segmento, os lóbulos estendem-se lateralmente até à região corticular ou subcristalina e mede 0,363 - 0,436 in.

FOTO N.º 9

Polypocephalus shindei n.sp.

A : Scolex B : Segmentos maduros

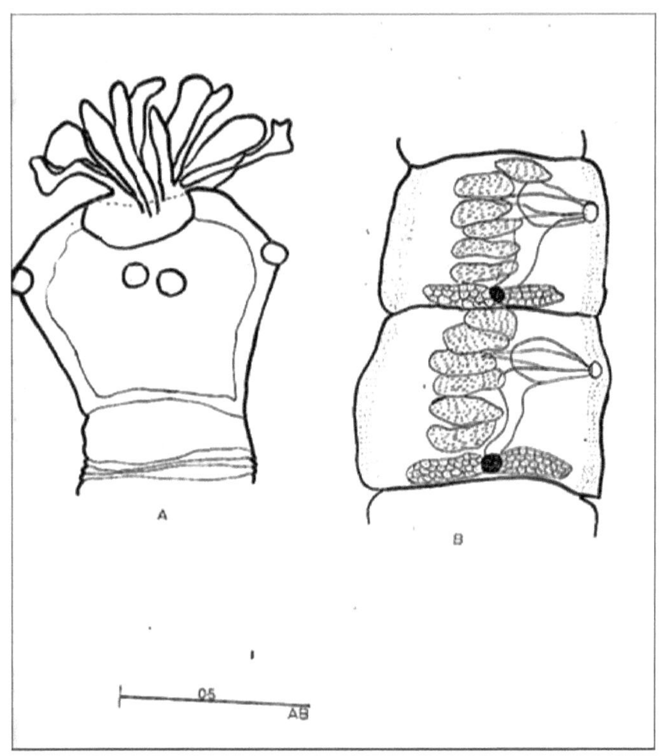

Comprimento e 0,024 - 0,072 de largura. A vagina é um tubo largo, posterior à bolsa do cirro, começa no poro genital, estende-se medialmente até 1/3 dos segmentos, vira-se para trás e corre obliquamente. Alcança, abre-se no oótipo e mede 0,368-0,412 de comprimento e 0,024-0,0776 de largura. Os poros genitais são pequenos, redondos, submarginais. Irregularmente alternados e medem 0,043 de diâmetro. O oótipo é pequeno, de forma arredondada, anteroventral ao ovário e mede 0,048 de diâmetro.

Os vitelários são granulosos, em faixas médias, em cada face lateral, na região corticular e subcorticular dos segmentos e da margem anterior à posterior dos segmentos.

Os segmentos gravídicos não estavam disponíveis.

DISCUSSÃO

1. A presente forma difere de P. afflnis que tem o escólex distinto do corpo, tentáculos em número de 4, ramificados, ocorrem em pares, testículos em número de 6, bolsa do cirro pequena e oval, alongada, atinge 1/2 medialmente e vitelária granular, estende-se abaixo do ovário.

2. O presente cestode difere de P. coronatus que tem o escólex distinto do corpo. Tentáculos ramificados, ocorrem aos pares, em número de 10, testículos em número de 4, os canais deferentes continuam dentro da bolsa do cirro, a bolsa do cirro é de

tamanho médio, de forma arredondada, atinge 1/2 medialmente; o útero é reto e a vitelária é folicular, estendendo-se abaixo do ovário.

3. O presente verme difere de p. lintoni por ter o escólex distinto do corpo. Testes em número de 4, os canais deferentes continuam dentro da bolsa do cirro, bolsa do cirro de tamanho médio, tubular; direccionada anteriormente, atinge 1/2 medialmente. Vagina posterior à bolsa do cirro, útero reto e os folículos vitelinos estendem-se abaixo do ovário.

4. O presente cestode difere de P. medusia que tem o escólex distinto do corpo, tentáculos não ramificados, simples. Testes em número de 4, bolsa do cirro grande, oval, alongada, desviada anteriormente, vagina posterior à bolsa do cirro, útero curvado e os vitelários estendem-se abaixo do ovário.

5. O presente verme de fita difere de P. pulcher que tem um escólex distinto do corpo, tentáculos ramificados, quatro em número e outros caracteres não mencionados.

6. A presente forma difere de P. rhynchobatidis que tem o escólex distinto do corpo. Tentáculos não ramificados, únicos, em número de 12; testículos em número de 4, os canais deferentes não se prolongam dentro da bolsa do cirro, bolsa do cirro quase quadrangular, de tamanho médio, dirigida posteriormente. O útero é curvado e os vitelários estendem-se abaixo do ovário.

7. A presente ténia difere de P. rhinobatidis que tem o escólex distinto do corpo, tentáculos não ramificados, simples, 11 em número, testículos em número de 6, bolsa do cirro oval, de tamanho médio, útero reto e vitelária estendida abaixo do ovário.

8. A presente forma difere de P. vitellaris que tem o escólex não distinto do corpo, tentáculos não ramificados, simples, 26-27 em número; os canais deferentes continuam dentro da bolsa do cirro, a bolsa do cirro é de tamanho médio, oval, dirigida anteriormente e atinge 1/2 medialmente; a vagina é posterior à bolsa do cirro, o útero é curvado e a vitelária estende-se abaixo do ovário.

9. O presente cestode difere de P. vesicularis que tem o escólex distinto do corpo, testículos em número de 4, os canais deferentes continuam dentro da bolsa do cirro, a vagina é ventral à bolsa do cirro e os vitelários não se estendem abaixo do ovário.

10. O presente verme difere de P. braunii que tem o escólex distinto do corpo, tentáculos não ramificados, testículos únicos em número de 14, testículos em número de 6, os vasos sanguíneos não continuam dentro da bolsa do cirro, a vagina é posterior à bolsa do cirro e os vitelários estendem-se abaixo do ovário.

11. O presente costódeo difere de p. katpurensis por ter tentáculos não ramificados, únicos, em número de 14, testículos em número de 6, os canais deferentes não continuam dentro da bolsa do cirro, a bolsa do cirro é oval, pequena, dirigida anteriormente, atinge 1/2 medialmente, a vagina é posterior à bolsa do cirro e os vitelários estendem-se abaixo do ovário.

12. A presente forma difere de P. alli, que tem o escólex distinto do boyd, tentáculos não ramificados, simples, 13 testículos em número, 6 testículos em número, bolsa do cirro oval, pequena, curva, alongada, colocada transversalmente, estende-se 1/2 medialmente; vagina posterior à bolsa do cirro, útero sacular e vitelária granular,

estende-se abaixo do ovário.

13. A presente ténia difere de P. thapari, que tem o escólex distinto do corpo, tentáculos não ramificados, únicos, em número de 14? Testes em número de 6, bolsa de cirros pequena, oval, direccionada anteriormente.

Atinge 1/3 medialmente, vagina posterior à bolsa do cirro e vitelária granulosa, estende-se abaixo do ovário.

14. O presente verme difere de P. singhii que tem o escólex distinto do corpo, tentáculos não ramificados, únicos, 16 em número, os vasos deferentes não continuam dentro da bolsa do cirro, bolsa do cirro oval, de tamanho médio, dirigida anteriormente, alongada, atinge 1/3 medialmente, vagina posterior à bolsa do cirro e vitelária granular, estendem-se abaixo do ovário.

15. O presente cestode difere de P. testicularis que tem o escólex distinto do corpo, tentáculos não ramificados, únicos, 24 testículos em número, 12 testículos em número, de forma oval, os canais deferentes continuam dentro da bolsa do cirro, a vagina é póstero-ventral à bolsa do cirro, o útero é sacular e a vitelária é granular, não se estendendo abaixo do ovário.

16. A presente forma difere de P. digholi que tem os tentáculos não ramificados, simples, 10 testículos em número, 6 testículos em número, bolsa do cirro de forma oval, pequena, em tamanho, de forma arredondada, no 1/3 anterior do segmento, na medula central vagina posterior à bolsa do cirro, útero dobrado e vitelária granular, estendem-se abaixo do ovário.

17. O presente verme difere de P. indica, que tem o escólex distinto do corpo, tentáculos não ramificados, únicos, em número de 10; testículos 6, de forma oval; os canais deferentes não continuam dentro da bolsa do cirro, a bolsa do cirro é oval, dirigida anteriormente, de tamanho médio, situada na medula central; a vagina é posterior à bolsa do cirro e os vitelários são granulares, não se estendem abaixo da medula.

18. A presente ténia difere de P. Pratibhii, que tem o escólex distinto do corpo, tentáculos não ramificados, únicos, em número de 10; testículos em número de 6, de forma oval, os canais deferentes continuam dentro da bolsa do cirro, bolsa do cirro oval, média, a 1/3 do segmento e vitelária granular, estendendo-se abaixo do ovário.

19. O presente verme difere de P. karbharae que tem o escólex, x distinto do corpo. tentáculos não ramificados, únicos, em número de 10; testículos 6, de forma oval; os canais deferentes continuam no interior da bolsa do cirro; bolsa do cirro oval, alongada, colocada transversalmente, estende-se por 1/3 do

segmento; vagina posterior à bolsa do cirro, formando uma vulva distinta no poro genital; útero sacular e vitelária granular, estendem-se abaixo do ovário.

20. O presente cestode difere de P. ratnagiriensis que tem escólex de forma quadrangular. distinto do corpo. tentáculos não ramificados. simples. 9 em número; testículos 6 ovais, em uma única fileira; canal deferente curto. continua dentro da bolsa do cirro; oval; grande; vagina póstero-ventral à bolsa do cirro e vitelária folicular. 100-140 em número, em quatro filas e estendem-se abaixo do ovário.

21. O presente verme difere de P. trygoni, que tem o escólex distinto do corpo; tentáculos não ramificados e únicos; testículos 6 em uma única fileira; o canal deferente continua dentro da bolsa do cirro; bolsa do cirro de forma oval, grande em tamanho; vagina póstero-ventral à bolsa do cirro, curta, fina e vitelária folicular, em duas fileiras de cada lado.

Os caracteres acima mencionados são suficientemente válidos para erigir uma nova espécie para estes vermes e, por conseguinte, o nome Polypocephalus shindei, n.sp. é proposto em honra do Dr. G. B. Shinde, guia de investigação em zoologia e

Coordenador, Colégio de Aurangabad.	Conselho de Desenvolvimento, Universidade de Marathwada,
Espécimes do tipo	Polypocephalus shindei n.sp.
Anfitrião	Rhynchobatus dieddensia Cantor, 1851.
Habitat	Válvula em espiral.
Localidade	Kakinada, A.P. (Costa Oriental da Índia), Índia.
Data de recolha	4 de abril de 1988.
Eucestoda	Wardle, McLeod e Radinovasky, 1974.
Lee anicephal idea	
Lecanicephalidae	Baylis, 1920.
Polypocephalus	Braun, 1900.
	Braun, 1878,

Ploypocephalus waltairensis n.sp.
DESCRIÇÃO

Foram recolhidos cinco exemplares de cestóides da válvula espiral de Carch arias acutus em Waltair, A.P. (costa leste da Índia), Índia, no mês de abril de 1988,

O escólex é de tamanho médio, de forma quase oval e mais largo a meio, medindo 0,893 de comprimento e 0,412 - 0,898 de largura. O escólex divide-se em duas regiões, a anterior e a posterior. A região anterior é semicircular, de tamanho pequeno, da qual emerge uma coroa de cinco tentáculos e mede 0,733 de comprimento e 0,364 - 0,703 de largura. A região posterior é grande, com quatro ventosas acessórias pequenas e redondas, situadas em dois pares e medindo 0,082 - 0,092 de diâmetro.

O pescoço está ausente.

Os segmentos maduros são mais compridos do que largos, quase duas vezes mais compridos do que largos e medem 0,0776 de comprimento e 0,407 - 0,509 de largura. Os testículos são grandes, de forma oval, em número de seis, na medula central do segmento, pré-ovarianos, desde o ovário até à margem anterior dos segmentos e medem 0,116 - 0,155 de comprimento e 0,087 - 0,101 de largura.

A bolsa do cirro é de tamanho médio, de forma oval, colocada obliquamente, quase a $1/3^{rd}$ do segmento, abre-se marginalmente, estende-se medialmente até ao centro do segmento e mede 0,189 - 0,199 de comprimento e 0,067 - 0,106 de largura. O cirro é espesso, largo proximalmente e estreito distalmente, situado dentro da bolsa do cirro e mede 0,160 de comprimento e 0,048 de largura. O canal deferente é espesso, um tubo largo, corre em direção à face anterior dos segmentos enrolados e mede 0,271 em comprimento e 0,024 - 0,038 em largura.

FOTO N.º 10

Polypocephalus waltairensis n.sp.

A : Scolex B : Segmento maduro

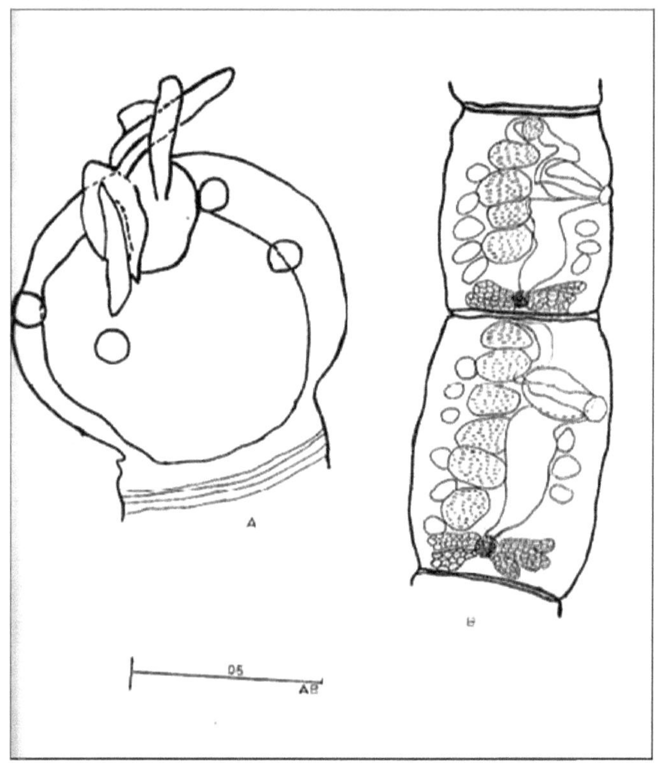

O ovário é bilobado, pequeno em tamanho, em forma de borboleta, com 3-4 ácinos, situado perto da margem posterior dos segmentos e mede 0,320 em comprimento e 0,106 - 0,121 em largura. A vagina é um tubo largo, posterior ao cirro, parte do poro genital, dá uma volta posterior, corre obliquamente, alcança e abre-se no oótipo e mede 0,412 - 0,509 de comprimento e 0,082 - 0,097 de largura.

O oótipo é pequeno, de forma arredondada, anteroventral ao ovário e mede 0,048 de diâmetro. Os vitelários são foliculares, situados nas faces laterais do segmento pré-ovariano e em fila única, de cada lado dos segmentos.

DISCUSSÃO

1. No verme em análise, o escólex é de tamanho médio, de forma oval, região anterior média, semicircular, tentáculos não ramificados, em número de 5, testículos

em número de 6, ovalados na medula central; bolsa do cirro de forma oval, colocada obliquamente a 1/2 dos segmentos; vagina posterior à bolsa do cirro e vitelária folicular, numa fila única em cada segmento. O cirro é um saco de cirros, com uma forma cónica, colocado transversalmente, atinge 1/2 medialmente; a vagina ao longo do cirro, com forma de útero e os vitelários granulares, não se estendem abaixo do ovário.

2. A presente forma difere de P.affinis que tem o escólex distinto do corpo; tentáculos em número de 4; ramificados, ocorrem aos pares; testículos em número de 6; bolsa do cirro pequena, oval, alongada, atinge 1/2 medialmente e vitelária granular, estende-se abaixo do ovário.

3. O presente cestódeo difere de P. coronatus que tem o escólex distinto do corpo; tentáculos ramificados, ocorre aos pares, em número de 10; testículos em número de 4, os canais deferentes continuam dentro da bolsa do cirro, a bolsa do cirro é de tamanho médio, de forma arredondada, atinge 1/2 medialmente; o útero é reto; e os vitelários são foliculares, estendem-se abaixo do ovário.

4. O presente verme difere de p. lintoni que tem o escólex distinto do corpo, tentáculos não ramificados, únicos; testículos em número de 4, os vasos deferentes continuam dentro da bolsa do cirro, bolsa do cirro de tamanho médio, tubular, desviada anteriormente, atinge 1/2 medialmente; vagina posterior à bolsa do cirro; útero reto e vitelária folicular, estendem-se abaixo do ovário.

5. O presente céstode difere de P, readusia que tem o escólex distinto do corpo, tentáculos não ramificados, simples; testículos em número de 4, bolsa do cirro, grande, oval alongada, desviada anteriormente; vegina posterior à bolsa do cirro, útero curvado e vitelária estendida abaixo do ovário.

6. A presente ténia difere de P, pulcher que tem um escólex distinto do corpo, tentáculos ramificados, quatro em número e outros caracteres não mencionados.

7. A presente forma difere de P. rhynchobatidis, que tem o escólex distinto do corpo, tentáculos ranhurados, únicos, em número de 12; testículos em número de 4, os canais deferentes não se prolongam no interior, a bolsa do cirro, quase quandrangular, de tamanho médio, dirigida posteriormente, o útero dobrado e os vitelários estendem-se abaixo do ovário.

8. A presente ténia difere de P. rhynchobatis que tem o escólex distinto do corpo, tentáculos não ramificados, simples, 11 testículos em número, 6 testículos em número, bolsa do cirro oval, de tamanho médio, útero reto e vitelária que se estende abaixo do ovário.

9. A presente forma difere de P. viteliaria que tem o escólex não distinto do corpo, tentáculos não ramificados, únicos, em número de 26-27, testículos em número de 4, os canais deferentes continuam dentro da bolsa do cirro, a bolsa do cirro é de tamanho médio, de forma oval, dirigida anteriormente, atinge 1/2 medialmente a vagina posterior à bolsa do cirro, o útero é dobrado e os vitelários estendem-se abaixo do ovário.

10. O presente cestode difere de P.vesicularis que tem o escólex distinto do corpo,

testículos em número de 4, os canais deferentes continuam dentro da bolsa do cirro, a vagina é ventral à bolsa do cirro e os viteliários não se estendem abaixo do ovário.

11. O presente verme difere de P. braunii que tem o escólex distinto do corpo; tentáculos não ramificados, únicos, 14 em número testículos 6 em número, os canais deferentes não continuam dentro da bolsa do cirro, a vagina é posterior à bolsa do cirro e os viteliários estendem-se abaixo do ovário.

12. O presente cestode difere de P. katpurensls que tem tentáculos não ramificados, simples, 14 em número, testículos 6 em número, os canais deferentes não continuam dentro da bolsa do cirro, a bolsa do cirro é oval, pequena, dirigida anteriormente e atinge 1/2 medialmente, a vagina é posterior à bolsa do cirro e os viteliários estendem-se abaixo do ovário.

13. A presente forma difere de P. alli que tem o escólex distinto do corpo, tentáculos não ramificados, únicos, em número de 11, testículos em número de 6, bolsa do cirro oval; pequenos curvados, alongados, colocados transversalmente, estendem-se 1/2 medialmente, vagina posterior à bolsa do cirro, útero sacular e vitelária granular, estendem-se abaixo do ovário.

14. A presente ténia difere de P. thaparl que tem o escólex distinto do corpo, tentáculos não ramificados, únicos, em número de 14. Testículos em número de 6. bolsa do cirro pequena, oval, dirigida anteriormente, atinge 1/3 medialmente vagina posterior à bolsa do cirro e vitelária granulosa, estende-se abaixo do ovário.

15. O presente verme difere de P. singhii por ter o escólex distinto do corpo, tentáculos não ramificados, únicos, em número de 15; os canais deferentes não se prolongam dentro da bolsa do cirro, bolsa do cirro oval, de tamanho médio, dirigida anteriormente, alongada, atinge 1/3 medialmente; vagina posterior à bolsa do cirro e vitelária granulosa, estendendo-se abaixo.

16. O presente cestode difere de P. testicularls que tem o escólex distinto do corpo, tentáculos não ramificados, únicos, em número de 24; testículos em número de 12, de forma oval; os vasos deferentes continuam dentro da bolsa do cirro, a vagina é póstero-ventral à bolsa do cirro.

17. A presente forma difere de P. dlqholl que tem os tentáculos não ramificados, simples, 10 em número, testículos 6 em número, de forma oval, bolsa do cirro pequena, em tamanho, de forma redonda, no 1/3 anterior do segmento, na medula central vagina posterior à bolsa do cirro, útero dobrado e vitelária granular, estendem-se abaixo do ovário.

18. O presente verme difere de P. indica, que tem o escólex distinto do corpo, tentáculos não ramificados, únicos, 10 em número, testículos 6, ovais. O canal deferente não continua dentro da bolsa do cirro, a bolsa do cirro é oval, dirigida anteriormente, de tamanho médio, situada na medula central da vagina, posterior à bolsa do cirro e a viteliaria é granular, não se estende abaixo do ovário.

19. A presente ténia difere de P. pratibhii que tem o escólex distinto do corpo; tentáculos não ramificados, únicos, em número de 10; testículos em número de 6, de forma oval; os canais deferentes continuam dentro da bolsa do cirro; bolsa do cirro,

oval média, a 1/3 do segmento e vitelária granulosa, estendem-se abaixo do ovário.

20. O verme atual difere de P. karbhrae; que tem o escólex distinto do corpo, tentáculos não ramificados, únicos, em número de 10, testículos 6, de forma oval os vasos deferentes continuam dentro da bolsa do cirro bolsa do cirro oval, alongada, colocada transversalmente, estende-se por 1/3 do segmento, vagina posterior à bolsa do cirro, do segmento vagina posterior à bolsa do cirro, formando vulva distinta no poro genital útero sacular e viteliária granular, estendem-se abaixo do ovário.

21. O presente cestode difere de P. ratnaairiensis que tem escólex de forma quadrangular, distinto do corpo tentáculos não ramificados, simples, 9 em número testículos 6, ovais em uma única fileira, vasos deferentes curtos, continuam dentro da bolsa do cirro bolsa do cirro oval, vagina grande póstero-ventral à bolsa do cirro viteliaria folicular, 100-140 em número.

22. O presente verme difere de P.trygoni, que tem o escólex distinto do corpo, tentáculos não ramificados, testículos únicos 6, numa única fila; os canais deferentes continuam dentro da bolsa do cirro, a bolsa do cirro tem forma oval, grande em tamanho, vagina póstero-ventral à bolsa do cirro, curta, fina e vitelária folicular, em duas filas de cada lado.

Os caracteres acima mencionados são suficientemente válidos para criar uma nova espécie para estes vermes e, por conseguinte, o nome Polypocephalus waltairensis n.sp. é proposto após a localidade.

Espécie-tipo	Polypocephalus waltairensis n.sp.
Anfitrião	Carcharias acutus Muller e Henle, 1906.
Habitat	Válvula espiral
Localidade	Waltair, A.P. (costa oriental da Índia)
Data de recolha	10 de abril de 1988.

Quadro comparativo das espécies do género Polypocephalus Braun, 1878.

Personagens	P.Radiatus Braun, 1878	P.medusia Linton,1889	P.Pulcher Shipley e Hornell, 1906	P.affinis subhapradhan 1951
1	2	3	4	5
Scolex	Corpo de forma distinta	Corpo de forma distinta	Organismo distrital de formação	Corpo de forma distinta
Tentáculos	Não ramificado, simples	Não ramificado, simples	Ramificado, simples-4	Os não ramificados ocorrem em quatro pares
Pescoço	-	-	-	-
Número de testículos	Quatro	Quatro	-	Seis

Vaso deferente	Continuar no interior do bolsa cirrus	Continuar no interior do bolsa cirrus	-	Continuar no interior do bolsa cirrus
Bolsa Cirrus	Pequeno, cónico, colocado transversalmente, atinge% medialmente	Grande, oval e alongado, desviado anteriormente	-	Pequena, oval alongada, atinge medialmente
Cirrus	-	-	-	-
Poro genital	-	-	-	-
Ovário	-	-	-	-
Vagina	Ao longo dos cirros	Posteriormente à bolsa do cirro	-	-
Útero	Em forma de Y	Dobrado	-	-
Vitellaria	Granular, não se estende abaixo do ovário	Granular, estende-se abaixo do ovário	-	Granular, estende-se abaixo do ovário
Personagens	*P.Caronatus Subhapradha, 1951*	*P.lintoni Subhapradha, 1951*	*P.rhynchobati Subhapradha, 1951*	*P.rhinobabdis Subhapradha 1951*

6	7	8	9	10
Scolex	Corpo de forma distinta	Corpo de forma distinta	Organismo distrital de formação	Corpo de forma distinta
Tentáculos	Ramificado, ocorre em 10 em número	Não ramificado, simples	Não ramificado, único 12 em número	Os não ramificados ocorrem em número de 11
Pescoço	-	-	-	-
Número de testículos	Quatro	Quatro	Quatro	Seis
Vaso deferente	Continuar no interior da bolsa de cirros	Continuar no interior da bolsa de cirros	Não continuar no lado da bolsa de cirros	Continuar no interior da bolsa de cirros
Bolsa Cirrus	Médio, redondo, rechonchudo, medialmente	Médio no lado tubular desviado anteroiralmente, atinge1/2 medialmente	Meio quase quadrangular, desviado posteriormente	Médio, oval
Cirrus	-	-	-	-
Poro genital	-	-	-	-
Ovário	-	-	-	-

Vagina	Ao longo dos cirros	Posteriormente à bolsa do cirro	Ao longo da bolsa de cirros	Posteriormente à bolsa do cirro
Útero	Strainght	Strainght	Dobrado	Strainght
Vitellaria	Os folículos estendem-se abaixo do ovário	Os folículos estendem-se abaixo do ovário	Estender-se abaixo do ovário	Estender-se abaixo do abaixo do ovário
personagens	*P.yitellaris Subhapradha, 1951*	*P.yesicularis Yamaguti, 1961*	*P.brauni shinde, 1981*	*P.katpurensis Jadhav& Shinde 1981*

11	*12*	*13*	*14*	*15*
Scolex	Não distinguir do corpo	Corpo de forma distinta	Organismo distrital de formação	Corpo de forma distinta
Tentáculos	Não ramificado, simples 126127 innumber	Não ramificado, único 4 em número	Não ramificado, único 14 em número	Os não ramificados ocorrem em número de 14
Pescoço	-	-	-	Presente
Número de testículos	Quatro	Quatro	Seis	Seis
Vaso deferente	Continuar no interior da bolsa de cirros	Continuar no interior da bolsa de cirros	Não continuar no lado da bolsa de cirros	Continuar no interior da bolsa de cirros
Bolsa Cirrus	Média, oval, desviada anteriormente, atingida / medialmente	-	-	Ovóides, pequenas curvas, alongadas transversalmente no meio
Cirrus	-	-	-	-
Poro genital	-	-	-	Submarginal, irregularmente alternado
Ovário	-	-	-	Bilobado, compacto
Vagina	Ventral à bolsa de cirros	Posteriormente à bolsa do cirro	Posteriormente à bolsa do cirro	Posteriormente à bolsa do cirro
Útero	Dobrado	Dividido em compacto	-	Strainght
Vitellaria	-	-	-	-

Personagens	P.alli Jadhav, Shinde e Deshmukh 1981	P.thapari JadhavShinde & Deshmukh 1981	P.Singhii Jadhav,Shinde & Deshmukh 1981	P.testicularis Jadhav,Shinde & Deshmukh 1982
	16	17	18	19
Scolex	Corpo de forma distinta	Corpo de forma distinta	Organismo distrital de formação	Corpo de forma distinta
Tentáculos	Não ramificado, único 12 em número	Não ramificado, único 14 em número	Não ramificado, único 16 em número	Os não ramificados ocorrem em número de 25
Pescoço	Presente	Presente	Presente	Ausente
Número de testículos	Seis	Seis	Seis	Doze, oval
Vaso deferente	Não não continuar no interior bolsa cirrus	Não não continuar no interior bolsa cirrus	Não continuar lado bolsa cirrus	Continuar no interior do bolsa cirrus
Bolsa Cirrus	Oval, curvo, alongado transversalment e no meio	Oval, pequeno colocado no meio do segmento	Sacular, oval alongado situado no meio do segmento	Oval, médio, alcançado / medialmente
Cirrus	Sem espinhas	Sem espinhas	Sem espinhas	Sem espinhas
Poro genital	Submarginal, irregularmente alternado	Submarginal, irregularmente alternado	Submarginal, irregularmente alternado	Submarginal, irregularmente alternado
Ovário	Bilobado, cilíndrico	Compacto, alongado, colocado transversalmente	Bilobados, alongados transversalmente, cada labelo com ácinos	Compacto, lobado
Vagina	Posteriormente à bolsa do cirro	Posteriormente à bolsa do cirro	Posterior ventralto bolsa cirrus	Posteriormente à bolsa do cirro
Útero	Sacular	-	-	Sacular
Vitellaria	Granular, estende-se abaixo do ovário	Granular, estende-se abaixo do ovário	Granular, estende-se abaixo do ovário	Follicul ar. Estender-se abaixo do ovário
Personagens	P.digholi Jadhav,Shinde & Deshmukh 1982	P.indica Deshmukh, Jadhav 1982	P.Pratibhii Deshmukh, Jadhav & Shinde	P.Karbharae Deshmukh, Jadhav & Shinde

	20	21	1982 22	1982 23
Scolex	Forma distinta corpo granular	Corpo de forma distinta com forma variável	Forma de distrito corpo esférico ou oval	Forma distinta corpo esférico
Tentáculos	Não ramificado, único 10 em número	Não ramificado, único 10 em número	Não ramificado, único 10 em número	Os não ramificados ocorrem em número de 10
Pescoço	Ausente	-	Presente	Presente
Número de testículos	Seis ovais	Seis ovais	Seis ovais	Seis ovais
Vaso deferente	Não continuar dentro da bolsa de cirros	Não continuar dentro da bolsa de cirros	Não continuar no lado da bolsa de cirros	Continuar no interior da bolsa de cirros
Bolsa Cirrus	Redondo, pequeno, colocado obliquamente no 1/3 anterior do segmento	Oval, colocado obliquamente no meio	Oval, colocado obliquamente	Oval, obliquamente alongado transversalmente
Cirrus	Spinose	Spinose	Spinose	Spinose
Poro genital	Submarginal, irregularmente alternado	Submarginal, irregularmente alternado	Marginal, irregularmente alternado	Marginal, irregularmente alternado
Ovário	Compacto, alongado, colocado transversalmente	Compacto, alongado transversalmente	Compacto, alongado transversalmente	Compacto, alongado, colocado transversalmente
Vagina	Posteriormente à bolsa do cirro	Posteriormente à bolsa do cirro	Posterior ventral à bolsa do cirro	Posteriormente à bolsa do cirro
Útero	Tubular	-	Tubular	Sacular
Vitellaria	Folicular 5 Estende-se abaixo do ovário	Extensão folicularabaixo do ovário	Granular, estende-se abaixo do ovário	Folicular 3-5 filas Estendem-se abaixo do óvulo
Personagens	P.ratnagiriensis Jadhav,Shinde &Sarwade,1980	P.trygoni Jadhav & William Threfall, 1986	P.Shindei n.sp.	P.waltairensis n.sp.
	24	25	26	27
Scolex	Corpo de forma	Corpo de forma	Forma oval mais	Forma oval

	distinta Quadrangular	distinta Quadrangular	larga no meio	
Tentáculos	Não ramificado, simples	Não ramificado, simples	Não ramificado, 10 em número	Número não ramificado de 5 polegadas
Pescoço	Ausente	Ausente	Ausente	Ausente
N.º de Tes	6, oval em fila única	6, oval uma fila única	6, numa fila única	6, em número
Vaso deferente	Não cont. dentro da bolsa de cirrupção curta	Continuar no interior da bolsa de cirros	continuar no lado dos cirros bolsa	Continuar no interior da bolsa de cirros
Bolsa Cirrus	Oval, grande, colocado obliquamente	Oval grande	Forma oval colocada transversalmente	Forma oval oblíqua
Cirrus	Sem lombada	Cinta sem espinha	sem lombada	Sem espinhas
Poro genital	Submarginal, irregularmente alternado	Submarginalmente alteradosirregularment e alternados	Margi nal redondo irregularmente alternado	Oval, margi nal irregularmente alternado
Ovário	Bilobed, dum - compacto em forma de sino	Bilobado, compacto	Bilobado, compacto	Bilobado, em forma de borboleta
Vagina	Posterior ventral à bolsa do cirro	Posterior o- ventral à bolsa do cirro	Posteriormente à bolsa do cirro	Posteriormente à bolsa do cirro
Útero	-	Sacular	-	-
Vitellaria	Foliculares, em 4 filas, estendem-se abaixo do ovário	Foliculares, em 2 filas, estendem-se abaixo do ovário	Granulado, tiras largas em cada lado lateral	Foliculares numa fila única em cada lado do segmento

Chave para o género *Polypocephalus* Braun, 1878

Escólex distinto do corpo ...	...	1
os escólex não se distinguem do corpo	...	P. vitellaris Subhapradha, 1951.
1) Tentáculos ramificados ...	...	2
Tentáculos não ramificados...	...	3
2) Tentáculos simples em número de 4 ...	...	P.pulcher Shipley. et Hornell,1906
Os tentáculos apresentam-se aos pares e ... 10 em número	...	P. Coronatus Subhapradha, 1951.
3) Testes em número de 4 ...	...	4
Testes em número de 6 ...	...	5

Testes em número de 12   ...   ...   P.testicularis Jadhav, Shinde E Deshmukh, 1982.

4) Vas deferens continus inside
A bolsa cirrus   6
Os canais deferentes não continuam   ..   P.rhynehobati Subhapradha, 1951.

5) Tentáculos em número de 4   ...   ... P.affinis Subhapradha, 1951
Tentáculos em número de 11   ...   .. P.rhinobatidis Subhapradha, 1951.

Tentáculos em número de 10   7
Tentáculos em número de 6   ...   ... P. Waltairensis n.sp.
Tentáculos em número de 9   ...   ... P. trygoni, Jadhav, & William therelfall 1986.

Tentáculos em número de 12   ...   ..   P.alli Jadhav, Shinde & Deshmukh,1981
Tentáculos em número de 13   ...   .. P.ratnagiriensis Shinde E Sarwade, 1986.

Tentáculos em número de 14   8
Tentáculos em número de 16   ...   ... P.singhii Jadhav, Shinde & Deshmukh,1981

6) Vagina ao lado do cirro ...   ...   P. radiatus Braun,1878.
Vagina posterior à bolsa do cirro   9
7) Bolsa Cirrus espinhosa   10
Bolsa Cirrus sem espinha ...   ... P.shindei n.sp.
8)O canal deferente continua no interior ...   ... P.Katpurensis Jadhav, e shinde,1981.
Bolsa Cirrus
Os canais deferentes não continuam

Dentro da bolsa cirrus   11
9) Útero dobrado..   .   ... P.medusia Linton, 1889
Útero direito ...   ... P. lintoni Subhapradha,1951
O útero divide-se em 10   ...   ...   P.Vesicularis, Yamaguti1981
compartimentos 10)Bolsa Cirrus

arredondada   P.digholi, Deshmukh, Jadhav e Deshmukh,1982.

Bolsa Cirrus oval   12
11) Vitellaria Follicular   ...   ... P. brouni Shinde, 1981.
Vitellaria granulosa ...   ... P.thapari Jadhav, Shinde e Deshmukh, 1987.

12) Poro geniral marginal   13
Poro geniral submarginal   ...   ... P. indica, Deshmukh e Jadhav 1982.

13) Útero tubular   ...   ... P.Parthibhii Deshmukh, Jadhav e

Shinde,1982.

Útero sacular ...   ... P. Karbharai Deshmukh, Jadhav e

Shinde,1982.

Adelobothrium Kakinadaensis n.sp.
DESCRIÇÃO

Dez espécimes maduros de parasitas cestódeos foram recolhidos da válvula espiral de Carcharias acutus em Kakinada, A.P. (costa leste da Índia), no mês de abril de 1988. Foram corados com hematoxilina de Harris e preparadas lâminas para estudos anatómicos. O escólex é de tamanho médio, com uma porção anterior romba e redonda e uma porção posterior, membranosa e semelhante a um colar. A região anterior do escólex possui fibras musculares longitudinais, retas no meio e divergentes nos dois lados laterais. O escólex mede 0,999 de comprimento e 0,267-0,0654 de largura. A região anterior é de tamanho médio. A região posterior tem quatro ventosas acessórias e mede 0,849 em comprimento e 0,169 - 0,085 em largura. As ventosas acessórias são de tamanho médio e de forma oval, medindo 0,175 de comprimento e 0,31 de largura.

O colo é curto, largo e mede 0,155 de comprimento e 0,437 de largura. Os segmentos maduros têm forma quase quadrangular, craspedote uma vez e meia mais largo que longo e medem 0,818 - 0,89 de comprimento e 1,371 de largura.

Os testículos são pequenos, de forma arredondada e em número de 300-310. Distribuídos por todo o segmento, em todos os lados do ovário, poucos nos lóbulos do ovário, medem 1-007 de diâmetro. O cirro tem forma oval, é grande, ligeiramente oblíquo, situado no meio do segmento e mede 0,280 de comprimento e 0,114-0,219 de largura. O cirro é um tubo fino, reto, dentro da bolsa do cirro, protrátil e mede 0,303 de comprimento e 0,100-0,023 de largura. O canal deferente é fino, reto e curto e mede 0,095 de comprimento e 0,008 de largura.

O ovário é bilobado, com margem irregular, com numerosos ácinos, lóbulos desiguais em tamanho e mede 0,689 em comprimento e 0,113 - 0,242 em largura, o lóbulo poral é maior do que o lóbulo aporal e mede 0,341 em comprimento e 0,909-0,144 em largura, o lóbulo aporal é pequeno em tamanho e mede 0,371 em comprimento e 0,106 -0.181 de largura, a vagina é um tubo fino, anterior à bolsa do cirro, começa no poro genital, corre medialmente, obliquamente, alcança e abre-se no oótipo e mede 1,129 de comprimento e 0,015-0,030 de largura, os poros genitais são irregularmente alternados, de forma oval e medem 0,075 de comprimento e 0,045 de largura.

O útero é grande, sacular, situado na medula central do segmento e mede 0,447 de comprimento e 0,076 - 0,189 de largura. O oótipo é de forma arredondada, posteroventral ao ovário e mede 0,068 de diâmetro.

Os vitelários são faixas largas, granulares, no parênquima corticular, da margem anterior à posterior dos segmentos, exceto a bolsa do cirro.

FOTO N.º 11

Adelobothrium Kakinadensis n.sp.

A : Scolex B : Segmento maduro

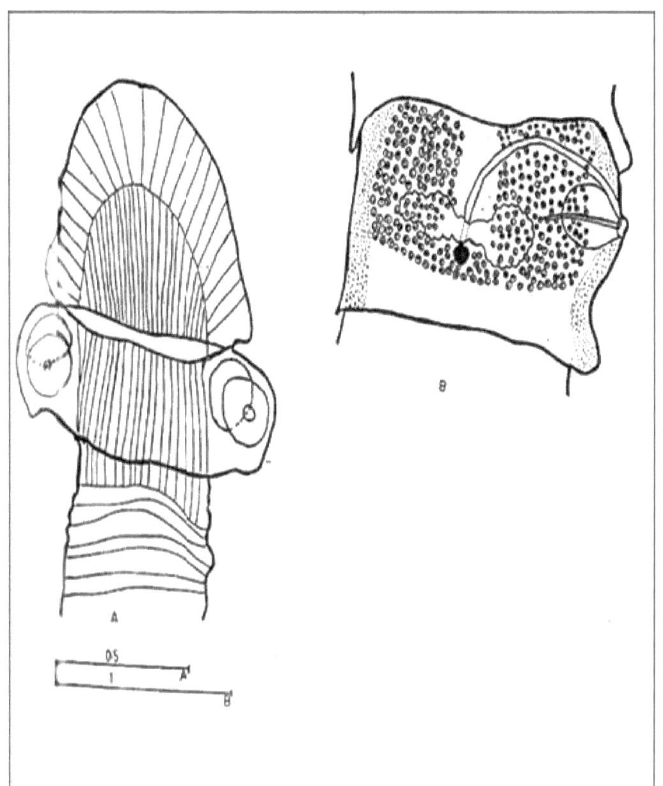

DISCUSSÃO

O género Adelobothrium foi estabelecido por Shipley em 1900 como A. aetlbbatidls a partir de Aetiobatis narinari da ilha Loyalty. Posteriormente, não foi acrescentada nenhuma espécie a este género.

1. O verme em análise tem o escólex de tamanho médio, rombo, arredondado anteriormente, região posterior oval, membranosa, com quatro ventosas acessórias; pescoço curto presente, segmentos maduros de forma quadrangular, craspedote, 12 vezes mais largo do que comprido; testículos de forma arredondada, em número de 300-310; bolsa do cirro grande, oval, oblíqua, marginal; vagina anterior à bolsa do cirro; ovário bilobado, com margem irregular, com numerosos ácinos, lóbulos desiguais em tamanho e vi dizer aria granular no parênquima corticular, difere de A. aetiobatidis na estrutura da região anterior do escólex (grande, rombo em vez de cónico)

2. O presente cestode difere de A. aetiobatidis na estrutura e no número de testículos (redondos, 300-310 em número, contra ovais, numerosos 130-150 em número).

3. A presente tênia difere de A. aetiobatidis na estrutura da vitelária (granular, em tiras largas, no parênquima corticular, contra granular, circundando toda a medula, em toda a proglótida).

Os caracteres acima mencionados são suficientes para erigir uma nova espécie para estes vermes e, por conseguinte, o nome Adelobothrium kaklnadaensis n.sp. é proposto após a localidade do hospedeiro.

Espécie-tipo	A. kaklnadaensis n.sp.
Anfitrião	Carcharias aeutus. Muller e Henle, 1906.
Habitat	Válvula em espiral.
Localidade	Kakinada, A.P., (costa oriental da Índia), Índia.
Data de recolha	11 de abril de 1988
Eucestoda	Wardle, McLeod e Radinovasky, 1974.
Lecanicephalidea	Baylis, 1920.
Adelobothriidae	Yamaguti, 1959.
Adelobothrium	Shipley, 1900.

Adelothrium Carchariasae n.sp.

DESCRIÇÃO

Dez espécimes maduros de parasitas cestódeos foram recolhidos da válvula espiral de Carcharias acutus, Muller e Henller 1906, em Kakinada, A.P. (costa leste da Índia), Índia, no mês de abril de 1988.

O escólex é de tamanho médio, com a porção anterior arredondada e romba e a posterior membranosa e semelhante a um colar. A região anterior do escólex tem fibras musculares longitudinais, rectas no meio e divergentes em ambos os lados laterais e mede 1,295 em comprimento e 0,0446 - 1,022 em largura. A região posterior é de forma oval, tem quatro ventosas acessórias e mede 0,257 - 0,537 de comprimento e 0,75 de largura. As ventosas acessórias são pequenas, de forma oval e medem 0,090 de comprimento e 0,068 de largura. O pescoço é curto, largo, mede 0,409 de comprimento e 0,007 de largura.

Os segmentos metafisários são craspédicos, mais compridos do que largos, quase duas vezes mais compridos do que largos e medem 0,916 de comprimento e 0,462 de largura. Os testículos são pequenos, de forma arredondada, em número de 90-95, pré-ovarianos, distribuídos na bolsa do cirro, num único campo, desigualmente distribuídos e medem 0,030-0,037 de diâmetro. A bolsa do cirro é grande, de forma oval, estende-se para além do meio dos segmentos, cobre 3/4 da região dos segmentos, situa-se imediatamente antes do meio dos segmentos, abre-se submarginalmente e mede 0,310 de comprimento e 0,007-0,310 de largura.

O cirro é um tubo fino, reto, contido na bolsa do cirro e mede 0,287 de comprimento e 0,007 de largura. O canal deferente é fino, reto e curto e mede 0,045 de comprimento e 0,007 de largura.

O ovário é bilobado, com margens irregulares com numerosos ácinos, lóbulos iguais em tamanho, estende-se transversalmente até às regiões corticulares e subcorticais dos segmentos e mede 0,386 em comprimento e 0,075 - 0,113 em largura. A vagina é um tubo largo, póstero-ventral à bolsa do cirro, começa no poro genital, corre medialmente, obliquamente em direção à parte posterior, atinge e abre-se no oótipo e mede 0,446 em comprimento e 0,015 - 0,030 em largura. Os poros genitais são de tamanho pequeno, regularmente alternados, de forma oval, abrem-se submarginalmente no parênquima corticular e medem 0,068 de comprimento e 0,030 de largura. Estão presentes segmentos gravídicos, que são mais compridos do que largos, craspedotídeos; os segmentos têm quase o dobro do comprimento da largura e medem 1,068 de comprimento e 0,530 de largura. O útero é sacular, cheio de numerosos ovos e mede 0,984 de comprimento e 0,430 - 0,462 de largura.

Os vitelários são foliculares, em duas filas, de cada lado, desde a margem anterior até à margem posterior dos segmentos.

FOTO N.º 12

Adelobothrium carcharisae n.sp.

A : Escólex B : Segmento maduro C : Segmento grávido

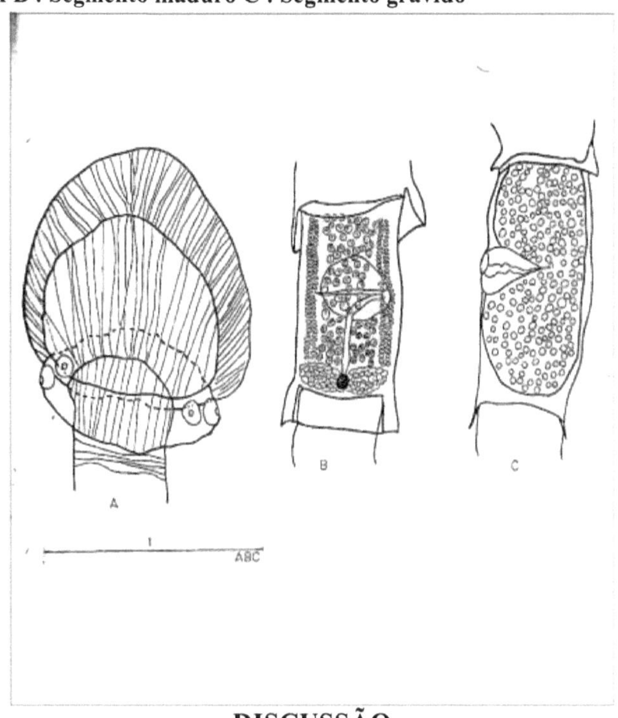

DISCUSSÃO

O género Adelobothrium foi estabelecido por Shipley em 1900 como A. aetiobatidis a partir de Aetiobatis narinari da ilha de Loyalty.

1. O verme em discussão tem o escólex grande, rombo, arredondado anteriormente;

região posterior membranosa, de forma oval, provida de quatro ventosas acessórias; pescoço presente, curto; segmentos maduros craspedotes, mais longos do que largos, quase 1/2 vezes mais longos do que largos; testículos redondos, 90-95 em número; bolsa do cirro grande, oval, submarginal, estendendo-se para além do meio dos segmentos, ovário bilobado, com margem irregular, com numerosos ácinos e vitaliaria folicular difere de A. aetiobatidis que tem o escólex 0,001 - 0.0850, cuja região anterior é cónica, coberta lateralmente por espinhos; região posterior grande, membranosa, com quatro ventosas acessórias, pescoço ausente, segmentos maduros mais largos do que compridos anteriormente, mas mais compridos do que largos e com algumas formas moniliadas posteriormente; testículos ovais, numerosos, 130-150 em número; bolsa do cirro muito pequena, oval, marginal; vagina ventral à bolsa do cirro e vitelária folicular, em duas filas de cada lado dos segmentos.

2. O presente verme difere de A. kakinadaensis n. sp. (descrito anteriormente) que tem o escólex 0,999-0,654, segmentos maduros de forma quadrada, craspedote, 1/2 borda do que o comprimento; testículos redondos, 300-310 em número; bolsa do cirro marginal, obliquamente colocada; vagina póstero-ventral à bolsa do cirro e vitelária folicular.

Os caracteres acima discutidos são suficientes para erigir uma nova espécie para estes vermes e, portanto, o nome Adelobothrium carcharlasae n.p. é proposto após o nome genérico do hospedeiro.

Espécie-tipo	A. carchariasae n.sp.
Anfitrião	Carcharias acutus, Muller e Henle, 1906.
Habitat	Válvula em espiral.
Localidade	Kakinada, A.P. (costa oriental da Índia), Índia.
Data de recolha	9 de abril de 1988.

Gráfico comparativo de Adelobothrium

Personagens	Adelobothrium aetoobatidis Shipley, 1900	Adelobothrium kakinadaensis n.sp.	Adelobothrium carcharisae n.sp.
Scolex	0,001x0,850 região cónica coberta lateralmente por espinhos	0,999x 0,654 Fibras musculares longitudinais, redondas e rombas	Contundente Fibras musculares longitudinais redondas
Cave posterior	Membranoso, com uma grande adega com 4 ventosas acessórias	Ventosas acessórias grandes, membranosas, de forma oval	Membranoso, de forma oval 4 ventosas acessórias
Pescoço	Ausente	Presente, curto	Presente, curto
Segmento maduro	Mais largo do que comprido anteriormente, mas mais comprido do	Forma esquelética, craspedada, ^ vezes mais larga do que comprida	Crapeado, mais comprido do que largo

	que largo, um pouco moniliado posteriormente		
Testes	Oval, numerosos, 130-150	Redondo-300-310	90-95 redondo, distribuído em bolsa de cirros
Bolsa Cirrus	Margem oval, muito pequena, a 1/3 da margem anterior do segmento	De grandes dimensões, ovais oblíquas, marginais	Grandes, de forma oval, submarginais, estendem-se para além do meio dos segmentos finos, rectos.
Personagens	*Adelobothrium aetoobatidis Shipley,1900*	*Adelobothrium kakinadaensis n.sp.*	*Adelobothrium carcharisae n.sp.*
Vaso deferente	0.320-0.220	Fino, estreito, curto, 0,095x0,008	Posteroventral à bolsa do cirro
Vagina	Posteroventral à bolsa do cirro	Tubo fino, anterior à bolsa do cirro	Posterao ventral à bolsa do cirro
Ovário	Bilobado, oval ou cilíndrico com ácinos, perto da margem posterior do segmento	Bilobado, margem irregular, numerosos ácinos, lóbulos de tamanho desigual	Margem irregular bilobada numerosos ácinos
Vitellaria	Granular, envolvendo toda a medula ao longo do comprimento da proglótida	Granular, em parencyama corticular	Folicular, duas filas de cada lado dos segmentos
Segmentos de transição	-	Mais do que há muito tempo	-

Chave das espécies do género
Adelobothrium Shipley, 1900.

Pescoço presente   1

Ausência de pescoço   ...   ... A.aetiobatidis

1.   Shipley, 1900.

Segmento maduro, escamoso   ...   ... A.kakinadaensls n.sp.

de forma alongada, testículos 300-310,

vitelária granular.

Segmentos maduros craspados ete, mais

compridos que largos, testículos 90-95

em número, vitelária folicular   ...

... A. carcharlase n.sp.

RESUMO: PARTE -1

Esta parte da tese trata dos cestodes das ordens Tetraphyllidea, Trypanorhyncha e Lecanicephalidea.

Duas espécies foram redescritas da ordem Tetraphyllidea: Phyllobothrium foliatum, Linton, 1890 e Acanthobothrium, ijimai.1917. Uma espécie de Carpobothrium alli n.sp. é registada na ordem Tetraphyllidea.

Uma espécie é redescrita da ordem Tetraphyllidea, que é Gymnorhynchus gigas, Cuvier, 1817.

Duas espécies foram redescritas da ordem Lecanicephalidea, Tylocephalum dierama Shipley et Hornell, 1906, T. bombayensis, Jadhav, 1983 e quatro novas espécies foram registadas na ordem Lecanicephalidea, Tylocephalum namdeoi, Tylocephalum, dicerohatisae, Polypocephalus shindei, P. waltairesis, adelobothrium carcharisae e A. kakinadensis.

PARTE : II

(A) HISTOPATOLOGIA
(B) NEUROSECREÇÃO
(C) HISTOQUÍMICA

(A)
INTRODUÇÃO À HISTOPATOLOGIA

Um cestode entra em contacto com o tecido de pelo menos dois hospedeiros diferentes durante o seu ciclo de vida. O estudo deste contacto, interação e relação entre o hospedeiro e o parasita é conhecido como histopatologia. Os mecanismos que apresentam o estabelecimento de um parasita, num determinado hospedeiro, variam muito de espécie para espécie em peixes. Os cestódeos vivem num ambiente muito hostil, uma vez que existe um movimento contínuo da superfície intestinal viva e alimentar e da natureza das suas glândulas relacionadas, pelo que necessitam de super órgãos de fixação para a sua sobrevivência.

As várias formas do escólex do castódeo, ou "hold fast", são muito bem adoptadas para se fixarem à mucosa de hospedeiros específicos, mas algumas espécies, com um escólex pouco desenvolvido, não especificamente adotado a qualquer intestino de hospedeiro particular, têm um amplo espetro de hospedeiros.

As condições fisiológicas de uma espécie específica dependem principalmente do tipo de local disponível, que pode ser favorável ou desfavorável, onde o parasita obtém alimentação suficiente.

O tipo de dieta disponível terá um efeito profundo na taxa de crescimento dos parasitas cestódeos contidos e também na distribuição dos cestódeos, que poderá estar relacionada não só com as condições físico-químicas no interior do intestino, mas também com a topografia real da superfície do intestino e com a natureza das glândulas relacionadas.

A relação parasita-hospedeiro nos cestodes é complexa, envolvendo interacções entre pelo menos dois, e por vezes mais, sistemas genéticos, nomeadamente os do parasita, do seu hospedeiro intermediário e do seu hospedeiro definitivo. Assim, um cestode, para sobreviver, tem de se adaptar adequadamente à morfologia, fisiologia, bioquímica, imunologia e ecologia dos seus hospedeiros.

Diz-se que os cestodes "absorvem" material semidigerido do intestino e há muito que se supõe que os cestodes se encontram numa "sopa" semidigerida da qual podem absorver nutrientes; estudos metabólicos e in vitro sugerem que existe uma relação nutricional complexa entre um cestode e o seu hospedeiro.

Existe imensa literatura sobre a patogénese dos cestodes larvares e adultos de várias ordens, como foi feito por Bees em 1967. Existe também uma extensa literatura sobre a patogénese dos cestodes larvares nos peixes, mas pouco se sabe sobre as reacções nos hospedeiros invertebrados. Várias ordens de ténias foram estudadas quanto à sua hostopatologia. Em Pseudophyllidia, a gowkowgnesis de Bothriocephalus foi estudada por Kortings (1977). Em peixes, Mevicar (1972) descreveu a relação parasita-hospedeiro de Echinobothrium, Phyllobothrium e Acanthobothrium. Sarwade e Shinde (1980) estudaram também a histopatologia de Lytocestus indicus. Nadkal, Mohandas, John e Shinde (1974) efectuaram um estudo aprofundado sobre a relação parasita-hospedeiro, Amos bo taenia Indiana por Mitra e Shlnd. (1980), Hymenolepis nana por Bailey (1951).

56

A resposta do hospedeiro ao implante de H. nana adulta foi estudada por Coleman, de Sa em (1964) e a imunização experimental do cão contra P. granulosa foi observada pela primeira vez por Foresek e Rukavina em (1959).

O estabelecimento e a distribuição de Raillietina cesticillus nas galinhas foi estudado por Foster e Daugherty em 1959. James P. Auckert, 1938, também forneceu informações suficientes sobre este estudo. A distribuição log-normal do índice de parasitlzação e do índice gastroparasltico nas relações peixe-cestode de peixes de riachos foi observada por Chauhan e Malhotra em 1981, no mesmo ano em que as respostas do hospedeiro versus parasita foram descritas por Mitchell.

Os mecanismos que impedem o estabelecimento de um parasita num determinado hospedeiro variam muito de espécie para espécie. Quando um parasita entra em contacto com um hospedeiro, o nível celular do hospedeiro reage, desencadeando reacções celulares e serológicas. O efeito nos tecidos da presença de um parasita é geralmente o de provocar uma reação inflamatória. Pensa-se que o hospedeiro é capaz de distinguir entre material "próprio" e não "próprio". Não é claro como é que este reconhecimento é efectuado a nível molecular. O reconhecimento deve ocorrer na superfície das chamadas células susceptíveis e, provavelmente, pode exigir o contacto entre o material e a célula que o reconhece. Sprent (1963) fez uma excelente descrição geral do fenómeno.

O início da inflamação é caracterizado por uma dilatação local dos capilares (vasodilatação). Esta última é provocada por uma série de factores, entre os quais uma reação nervosa local e a libertação de um agente farmacologicamente ativo, a histamina, de células específicas que se transformaram na maioria das células, são muito importantes. A vasodilatação resulta num aumento da irrigação sanguínea na zona afetada (hiperemia), acompanhada de um aumento da permeabilidade das paredes capilares e da passagem de materiais proteicos do sangue para os fluidos tecidulares. Na região do tecido invadido, a parede dos vasos parece colada e os leucócitos polimorfonucleares aderem-lhes. Os leucócitos infiltram-se então através das paredes dos vasos e acumulam-se em grande número no local da invasão. Os leucócitos parecem estar ligados por substâncias específicas (leucotoxinas) que podem ser libertadas pelas células danificadas.

O grau de resposta varia de hospedeiro para hospedeiro, varia (acentuadamente em algumas espécies) com a "raça" de uma determinada espécie de hospedeiro e parasita, além disso, mesmo como um único hospedeiro, a resposta pode variar em diferentes locais de tecido, Orihara (1962) demonstrou claramente isso no caso de H. taeniaefornis.

Assim, a relação parasita-hospedeiro resulta no ganho de um organismo e na perda de outro, conduzindo a várias doenças e perturbações. Naturalmente que é importante estudar esta relação não pelo seu valor parasitológico para a existência relativa da humanidade. Estes estudos podem ter um interesse intrínseco considerável e levantar questões fundamentais comuns a outras áreas da biologia, a nível molecular, celular, tecidular e de todo o organismo.

Histopatologia do cestode Tylocaphalum namdeoi n. sp.
(Descrito em tese)

O verme Tylocaphalum namdeoi n. sp. foi coletado do intestino de Dicerobatis ereaodoo.

Os vermes que se encontravam agarrados ao revestimento do intestino foram conservados nas mesmas condições no líquido de Bouin, uma vez que o intestino é cortado em pedaços mais pequenos.

O material fixado foi desidratado e embebido em cera (M.P. 60- o 62 C). As secções foram cortadas a 9 mu. As lâminas foram desparafinizadas e coradas pelo método da hematoxilina-eosina. As melhores lâminas foram seleccionadas para observações histopatológicas.

Os vermes, em discussão, são vistos a aproximarem-se das vilosidades, alguns estão ligados ao tecido hospedeiro que é rompido e deslocado até um certo nível pelos vermes penetrantes.

O pH do intestino é bastante normal, pelo que o parasita não tem qualquer dificuldade em flutuar no lúmen e também em perfurar o tecido intestinal.

O intestino do hospedeiro é rico em proteínas, hidratos de carbono e lípidos, que também se encontram nos parasitas, acumulados através da absorção ativa dos alimentos pelo tegumento, a partir do ambiente rico em nutrientes do intestino.

Assim, pode-se concluir que o parasita encontra o material intestinal como favorável para a sua alimentação e crescimento. O hospedeiro acha que o parasita é tolerável, porque não danifica o tecido nem causa a redução do material preservado do hospedeiro.

Relação parasito-hospedeiro entre o parasita Tylocephalum namdeoi n.sp. e seu hospedeiro picerobatis eregodoo Blecker.

1. **O parasita fixa-se na água do intestino.**

2. **O parasita atinge a camada interna das camadas intestinais e é rodeado pelas vilosidades.**

3. **A formação de quistos começou agora.**

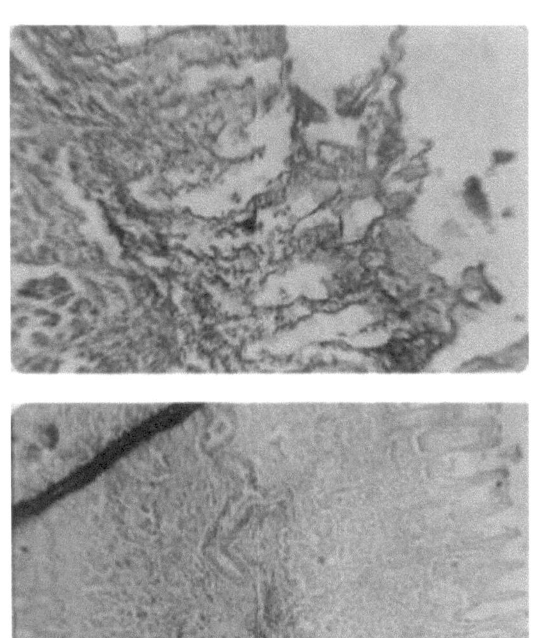

1. Formação de quistos concluída

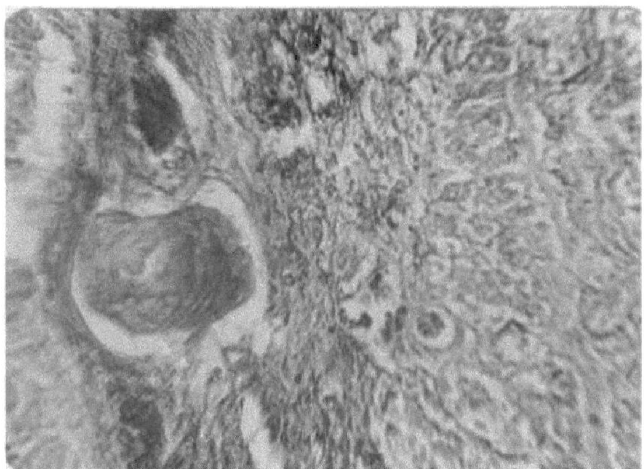

Histopatologia do cestode Carpobothrium alii n.sp.
(Descrito em tese)

Os vermes Carpobothrium alli n.sp. foram recolhidos do intestino de Trygon sephen, Cuvier, 1871. Os vermes que se encontravam agarrados ao revestimento do intestino foram conservados no mesmo estado no líquido de Boun, cortando o intestino em pedaços mais pequenos.

O material fixado foi desidratado e limpo em xilol e incluído em cera (M.P. 58-60oC). As secções foram cortadas a 9 mu. As lâminas foram desparafinizadas e coradas pelo método da hematoxilina-Eosina. As melhores lâminas foram seleccionadas para observações histopatológicas.

Estudos microscópicos mostram que o verme se encontra no lúmen do intestino do hospedeiro e está a tentar aderir ao tecido. Quando observado ao microscópio, verificou-se que este espécime rompeu as vilosidades circundantes e as células internas estão rasgadas e perdidas. Por outro lado, os tecidos do hospedeiro parecem ser muito sensíveis a qualquer corpo estranho, pelo que se verifica uma ação serológica. Encontram-se também diferentes estádios larvares.

Assim, pode-se concluir que Carpobothrlum alli n.sp. do intestino de Trygon sephen Cuvier, 1871, aproximando-se das vilosidades, está livre no lúmen e larvas da mesma espécie foram encontradas na mucosa, submucosa e camadas internas do intestino. As larvas em diferentes estágios são observadas em diferentes locais, como formação de cisto recém-iniciada, larva dentro do cisto completamente formado, na parte submucosa, quebra do cisto e larva emergindo.

Assim, fica claro que o ambiente do intestino do hospedeiro é favorável para o desenvolvimento e crescimento dos vermes. Assim, o parasita está a manter uma boa relação histopatológica com os seus hospedeiros.

Relação parasita-hospedeiro entre o parasita Carpobothrium alii n.sp. e seu hospedeiro Trygon Sephen cuvier, 1871.

I. Parasita rodeado pelas vilosidades

II. Parasitas no lúmen do intestino do hospedeiro

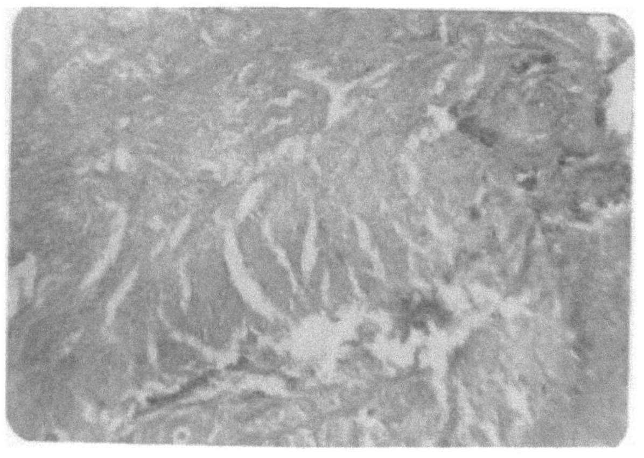

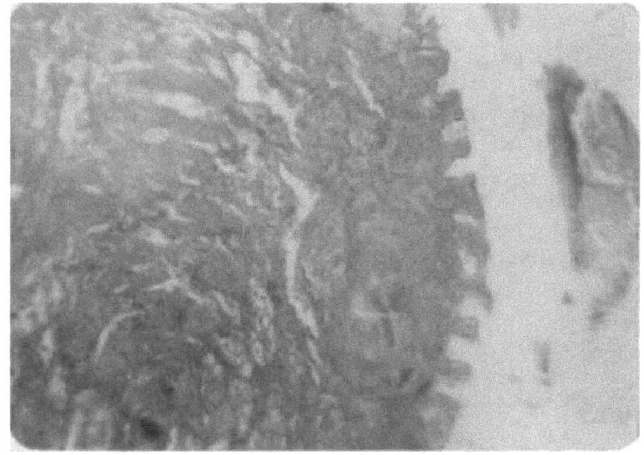

Relação Parasita-Hospedeiro entre o parasita Carpobothrium alli n.sp. e seu hospedeiro Trygon Sephen cuvier, 1871.
I. Larva no cisto completo.
II. Quebra do cisto pela larva e saída da larva.

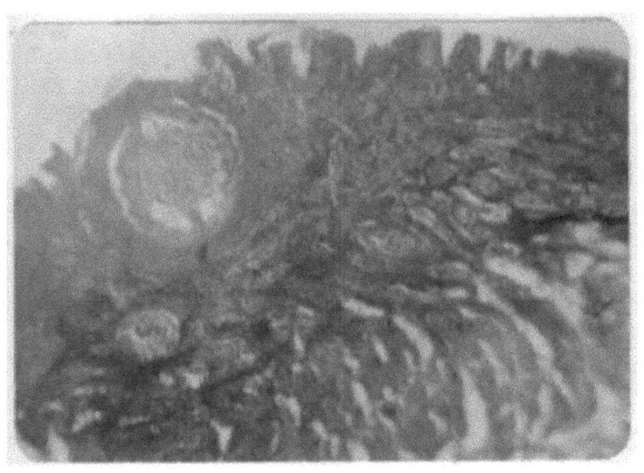

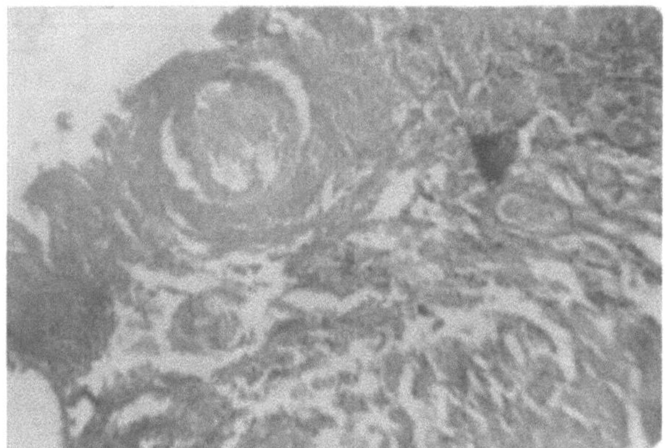

Histopetologia do cestode
Adelobothrium Kakinadensis n.sp.
(Descrito na tese)

Foram dissecados dez intestinos de Carcharias acutus Muller e Henle (1906) que revelaram infecções graves, em estudos taxonómicos, e que se revelaram ser (descritos na tese). Cortaram-se pedaços de intestino infetado e fixaram-se em Boun's, Fluid Este material fixado foi desidratado, limpo em xilol e depois incluído em cera de parafina (M.P. 58-600C).

O tecido do hospedeiro é danificado pelo verme, uma vez que o seu escólex está bem desenvolvido e é do tipo penetrativo. Assim, o verme adere muito facilmente ao intestino do hospedeiro e penetra profundamente no tecido para adquirir os nutrientes ricos. Como a larva leva um modo de vida parasitário, naturalmente a maioria absorveu esses nutrientes do hospedeiro. Verificou-se também que o material nutritivo reservado era armazenado no interior do intestino do verme. Assim, o parasita tira vantagem indevida do seu hospedeiro.

Estudos microscópicos do tecido do intestino do hospedeiro e, ao tentarem aderir ao tecido, verificou-se que alguns vermes se encontravam no lúmen e tentavam alcançar o tecido. Muitas formas larvares também são observadas em diferentes estágios de desenvolvimento e em vários locais, como forma de cisto incompleto, forma de cisto completo, larva emergindo do cisto, larva que se tornou livre após a dissolução do cisto, formação de almofada para sugar o conteúdo das células nessa região de vilosidades e larva circundada por diferentes vilosidades.

Assim, podemos concluir que o parasita consegue manter boas relações histopatológicas com o hospedeiro.

Relação Parasita-Hospedeiro entre o parasita Adeloboth rium Kakinadensis n.sp. e seu hospedeiro Carcharius acutus Muller e Henle, 1906.

I. Formação de quistos iniciada e formação de quistos concluída.

II. Cisto emergente da larva.

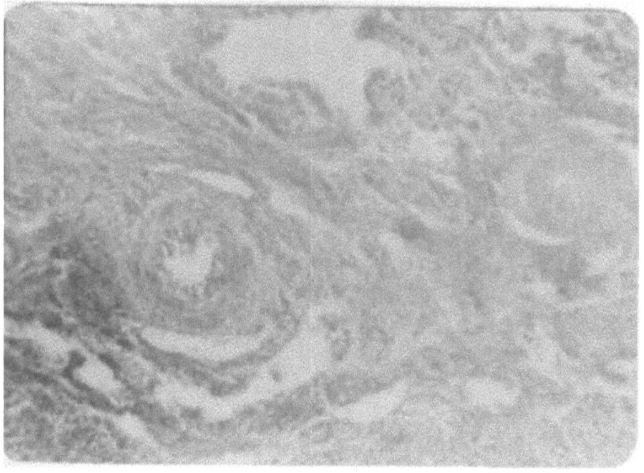

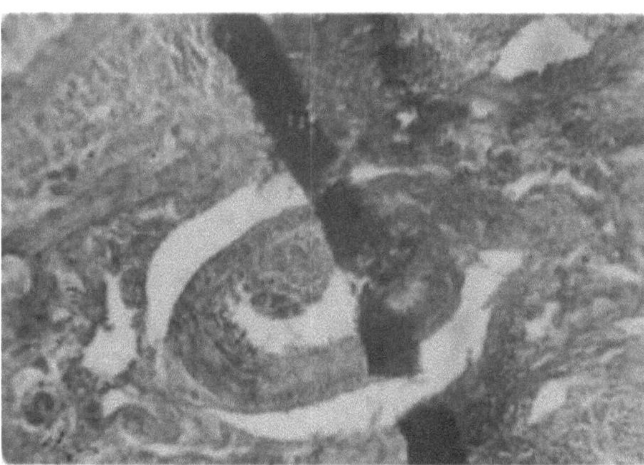

Relação Parasita-Hospedeiro entre o parasita Adeloboth - rium Kakinadensis n.sp. e seu hospedeiro Carcharias acutus Muller e

Henle, 1906.
I. Formação completa de quistos
II. Formação de almofada para sugar o conteúdo das células nessa região das vilosidades, e larva circundada por diferentes vilosidades.

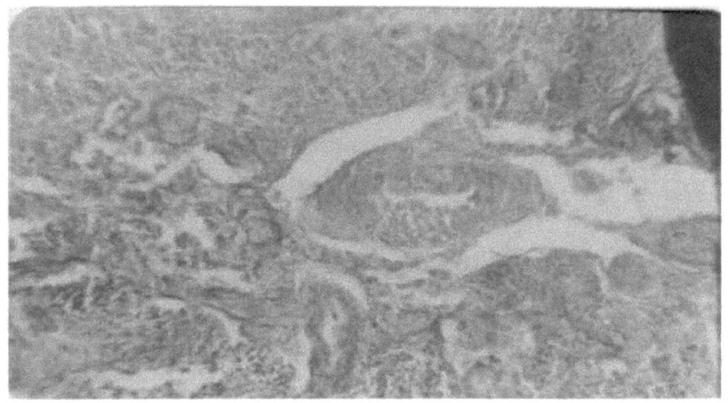

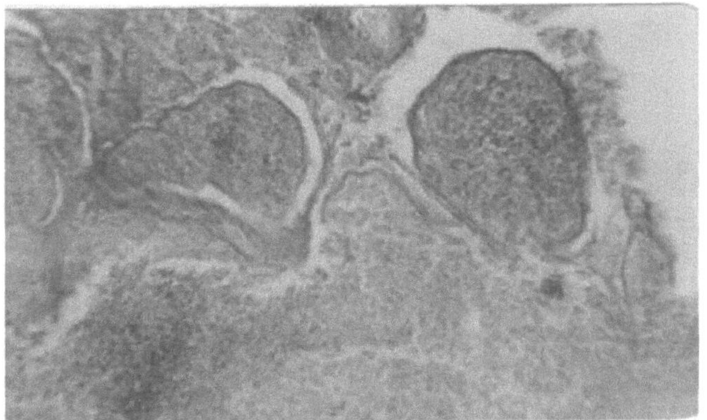

Relação Parasita-Hospedeiro entre o parasita Adeloboth -- rium Kakinadensis n.sp. e seu hospedeiro Carcharias acutus Muller e Henle, 1906.
I. Parasita no lúmen

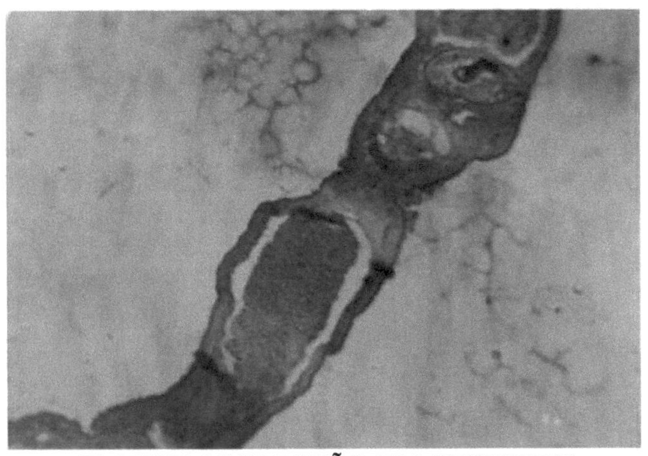

(B) NEUROSCRESÇÃO EM CESTODES
INTRODUÇÃO

O sistema nervoso dos platelmintes é significativo porque representa uma fase intermédia na avaliação dos sistemas nervosos. Parte do sistema tem a forma de uma rede nervosa periférica difusa, típica dos celenterados mais primitivos, enquanto o restante, pela primeira vez no reino animal, mostra sinais de condensação em tratos nervosos definidos, agregação em gânglios e concentração do centro nervoso principal na extremidade anterior ou "cabeça" do corpo, nos platelmintos, tem-se geralmente assumido que a adoção de um modo de vida parasitário por grupos como os cestodes deve necessariamente ter conduzido a uma redução ou simplificação secundária do seu sistema nervoso, ou que o estilo de vida sedentário do adulto não requer um sistema nervoso muito eloborado ou bem organizado (Fairweather e Threadgold, 1982).

São as suas suposições que têm sido responsáveis, em parte, pela falta de interesse demonstrado pelo sistema nervoso dos cestodes. O sistema nervoso dos cestodes também se revelou extremamente difícil de estudar, sendo a dificuldade atribuída principalmente à falta de uma bainha delimitadora nos troncos nervosos e aos problemas subsequentes de demonstrar os nervos através de métodos de coloração de rotina (Siddiqul, 1961 Lb).

A utilização de métodos histoquímicos trouxe uma revolução no estudo do sistema nervoso dos platelmintes. Hart (1967) estudou o sistema nervoso de Tetrathyridia, Shield (1969) estudou o sistema nervoso de Dipylidium carrinum, Echinococcus granulosus e Hadarigera taeniaormis e, quando combinaram métodos de fixação adequados e métodos devidamente modificados, revelaram imagens claras do sistema nervoso.

Kamovsky e Roots (1964) utilizaram a técnica do iodeto de acetiltioclorina e o método do acetato de indoxilo para os tremátodes (Smyth, 1946), que deram os melhores resultados. A coloração tripla de Mal lory também revelou resultados notáveis na presente investigação.

Os poucos estudos realizados com o microscópio eletrónico indicam que a ultra-estrutura do sistema nervoso é bastante homogénea em todo o filo (Diocon e Mercer. 1965; Morita e Best, 1965, 1966. Lentz 1967; Morseth. 1967; Silk e Spence, 1969; Wilson 1970). O sistema nervoso do cestódeo é caracterizado por um par de nervos longitudinais laterais estudados perto dos canais excretores e que percorrem todo o comprimento do estróbilo. Dois nervos laterais acessórios acompanham cada nervo lateral principal. Os troncos longitudinais estão ligados em cada proglótida por, pelo menos, uma comissura anelar, um feixe transversal espesso de fibras, denominado comissura "posterior" ou "cerebral", que liga os dois cordões longitudinais no porão rápido e, à frente desta comissura, um retângulo ou círculo de tecido nervoso i.A frente desta comissura está presente um retângulo ou círculo de tecido nervoso, i. e. "comissura anterior", sobre o qual existem quatro estruturas salientes que lembram, na aparência, os gânglios nervosos de outros animais.)

O sistema nervoso central é diferenciado em anel nervoso osteliário anterior, massa ganglionar cefálica, dez nervos, dos quais oito nervos têm ligações com o escólex, enquanto os outros dois estão ligados aos cordões nervosos longitudinais O sistema nervoso periférico está confinado posteriormente aos dois cordões nervosos longitudinais, que incluem ramos para os órgãos reprodutores em cada proglótida e o outro sistema periférico conhecido como células neuromusculares, que liga os cordões nervosos longitudinais aos músculos vizinhos.

Em algumas espécies, por exemplo Acanthobothriua coronatum, os gânglios cerebrais não contêm células ganglionares (Rees, 1958) Lee e fatchell (1954). A histoquímica demonstrou as terminações sensoriais, que terminam no tegumento em muitos cetáceos. Mill (1993) ilustrou que em C. mutabilis existem dez cordões nervosos longitudinais, interligados por vinte cordões transversais. Os dez cordões nervosos ramificam-se anteriormente a partir de um anel nervoso no pescoço e juntam-se no centro do escólex num segundo anel.

A neurossecreção é bem conhecida em invertebrados e foi recentemente descrita em H. diminuta em células bipolares sensoriais localizadas num aglomerado na rostellura (Davey e Breckenrldge, 1967). As células neurosecretoras são de dois tipos: neurosecretoras e não neurosecretoras. Andrew et al. (1978) são da opinião de que o sistema nervoso surge a partir das células neurosecretoras.

Embora haja falta de trabalho neste campo, muitos trabalhadores estudaram o sistema nervoso e as células neurosecretoras dos parasitas cestódeos. Cohn (1893) estudou este sistema em vários taenoldídeos e pseudofilídeos. Tower (1900) observou em Monleazia Becker (1921) para Anoplocephala, e Pintner (1880, 1925), Johnstone (1912) e Bees (1941) estudaram os tetrarhynchids. Poucas observações foram feitas sobre a estrutura fina do tecido nervoso dos cestódeos (Morsethi, 1967, Sakamoto e Sugimura 1969; Golubev e Kashapova, 1975, Webb e Davay, 1975, 1976, webb 1976, 1977, Speclan e Lunsden 1980; Gustafsson e wikgren, 1981).

Smyth (1946) observou a histoquímica das células neurosecretoras no rostelo de Echinococcus granulosus. Achados histofisiológicos sugerem uma série de possíveis funções para as células neurosecretoras em platelmintos (Golding, 1974). No Planar de água doce, a perda da região posterior do verme resulta num aumento do número de células neurosecretoras detectáveis histo-patologicamente (Lender, 1964. 1970) Liotti e Rosi,1970). Foi detectada uma correlação entre um ciclo neurosecretor e um ciclo de reprodução assexuada em Thiaesia gpnocqphafra (Lender, 1970).

Um ciclo aparente de atividade neurosecretora está correlacionado com o ciclo reprodutivo anual (Lender, 1964; Ude 1964, Grasso e Ouglia 1971). A estrutura e a função do rostelo, escólex e região do pescoço de Hymenolepis sp. foram observadas por Bruce em 1968. Wilson e Schiller (1969) descreveram as células neurosecretoras de Hymenolepis diminuta e H. nana. O neurosecretor de Dipylidium canninum foi estudado por Upender, Vankat Ramakrishna e Bhargavi em 1985. Lebb (1977) estudou a região do pescoço de Hymenolepis microstoma por microscopia eletrónica, que revelou as células nervosas com características de células neurosecretoras. As células neurosecretoras diferem das outras células nervosas pela presença de glicogénio nos neuritos, pelo seu conteúdo de grandes vesículas electron-densas e pela manifestação ultra-estrutural dos locais de libertação neurosecretora.

O autor também tentou, ao seu nível, acrescentar mais algumas dicas ao conhecimento disponível sobre o sistema nervoso e, para o cumprir, foram estudadas as células neurosecretoras de algumas espécies.

Células neurosecretoras em Tylocephalum namdeoi n.sp.
(descritas em tese)
MATERIAL E MÉTODOS

Foram dissecados quinze intestinos de um peixe marinho, Dicerobatis eregoodoo Blocker. Alguns deles estavam infectados com cestodes parasitas. Parasitas idênticos de cestodes foram separados e observados ao microscópio e foram identificados como Tylocephalum namdeoi n.sp. Esses cestódeos foram fixados em Boun's para estudo neurosecretor fluido.

O material foi lavado com uma solução saturada de carbonato de lítio, desidratado através de álcoois graduados e transformado em blocos com cera de parafina (58-600C). Os blocos foram cortados a 9 mu com uma máquina de micrótomo. As lâminas foram coradas com o método de coloração C.H.P. As melhores lâminas foram seleccionadas para o estudo da neurosecreção de Tylocephalum namdeoi n.sp.

DESCRIÇÃO

Todo o sistema nervoso de T. namdeoi n.sp. (descrito na tese) é indetetável, devido à musculatura espessa. sistema nervoso central, sistema nervoso periférico. Na presente investigação, os ramos do sistema nervoso central foram claramente observados. A parte central dos gânglios é constituída por células unipolares, em maior número, e por células multipolares, em número médio. As células multipolares estão presentes na região do pescoço, estas células são de tamanho médio, fusiformes e têm uma parede celular, mas o material nuclear está oculto. Há menos corpos celulares ao longo dos principais cordões nervosos longitudinais, que correm posteriormente através da região do pescoço, raramente se encontram a mais de uma célula de profundidade e estão dispersos em intervalos irregulares ao longo do comprimento dos cordões.

Existem células unipolares e bipolares. As células unipolares são de tamanho pequeno, fusiformes e com parede celular. As células bipolares são de tamanho médio, com parede celular espessa e as células multipolares são de tamanho grande, com parede celular fina.

Nos segmentos maduros, são observadas células unipolares, bipolares e multipolares. Na S.T. dos segmentos, as células unipolares são mais numerosas, as células bipolares são em número médio e as células multipolares são raras.

DISCUSSÃO

A presente investigação fornece uma descrição elaborada e clara do sistema nervoso e torna-nos mais conhecedores. Dá ênfase ao sistema nervoso presente em todos os outros cestodes. Andrent et al. (1978) são da opinião de que o sistema nervoso surge a partir das células neurosecretoras, o que acrescenta peso à sua opinião.

As células neurosecretoras de Ralllietina (R.) famosa Meggitt,(1927) assemelham-se em vários aspectos às células neurosecretoras de Hymenolepis nana Fairwether e Thread gold (1983).

FOTO N.º 9

Sistema nervoso e neuroseoteção em Tyiccaphlum namdeoi. N.sp.

I. S.T. da região do escólex mostrando células neurosectórias (a) unipolares (b) Dipolares e (c) Multipolares.

II. S.T. do segmento mostrando células neurosecretoras viz. a) Unipolar (b) Células bipolares e (c) Células multipolares.

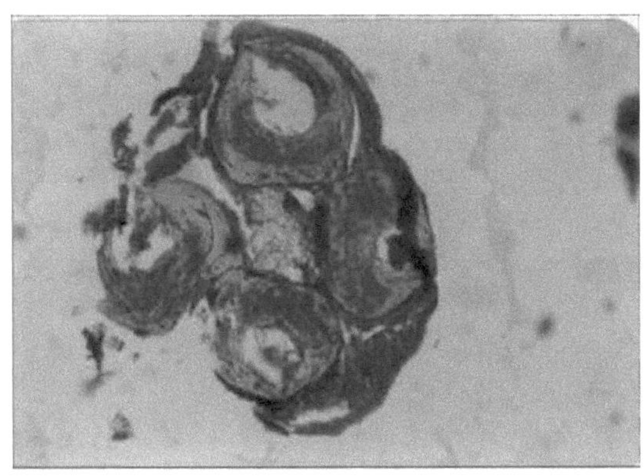

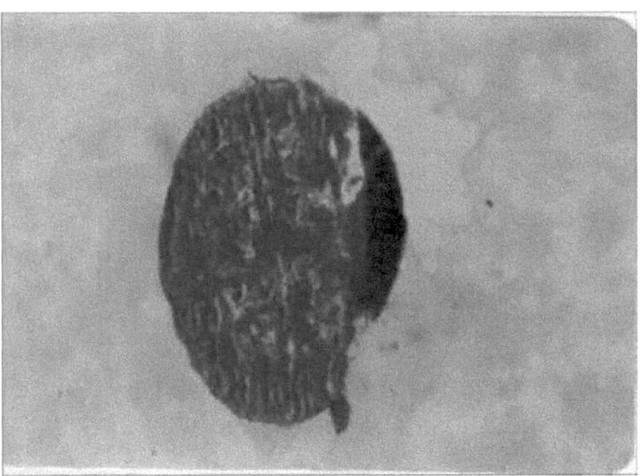

Células neurosecretoras em Carpobothrium alii n.sp.
(Descrito em tese)
MATERIAL E MÉTODOS

Sete intestinos de um peixe marinho, Trydon sephen Cuvier, 1871, foram examinados no laboratório e a maioria deles estava fortemente infetada com parasitas cestódeos. Os vermes idênticos foram separados e alguns deles foram fixados em formalina a 4% e corados com hematoxilina de Harri.

As observações taxonómicas identificaram-nos como uma nova espécie do género Carpobothrium, tendo alguns deles sido fixados no líquido de Bouin para outros aspectos fisiológicos.

O material foi lavado em solução de carbonato de lítio, desidratado em álcool graduado e incluído em cera de parafina (58o-60oc).

Os escólex foram cortados a 9 mu e as lâminas foram coradas com a tríplice de Mallory. As melhores lâminas foram seleccionadas para observação.

DESCRIÇÃO

O sistema nervoso de Carpobothrium alli n.sp. é muito difícil de rastrear, mas as partes desse sistema são encontradas em outros órgãos dos parasitas. Um grupo de células neurosecretoras está presente no local da massa cefálica no sistema nervoso central.

Trata-se de células unipolares e multipolares. As células unipolares são pequenas, fusiformes, com uma parede celular fina e em menor número do que as células bipolares. As células multipolares são de tamanho médio, com núcleo centralizado. As células bipolares têm uma parede celular fina, forma fusiforme e são mais numerosas.

Dois cordões nervosos longitudinais correm posteriormente e também dorsalmente aos dois cordões musculares longitudinais espessos. Estes cordões nervosos são largos perto dos lados laterais do verme. As células neurosecretoras nos cordões nervosos dos dentes variam em tamanho e estrutura. As células unipolares são mais pequenas do que as células bipolares. As células bipolares têm uma forma elíptica.

Na S.L. do segmento maduro, as células neurosecretoras estão presentes nos lados laterais do segmento onde os nervos estão presentes. Estas células são mais pequenas do que as células cefálicas e têm um aspeto fusiforme.

DISCUSSÃO

A informação atual confirma a ideia de que o sistema nervoso dos cestodes é uma combinação do sistema nervoso dos animais primitivos e que parte dele está mais modificado. Assim, indica claramente que se trata de uma fase intermédia na evolução do sistema nervoso e também elucida que é mais parecido com o sistema de outros invertebrados.

As células neurosecretoras são como as células de Davainea proolottina (Blanchard, 1891) Mitra e Shinde (1980)

FOTO : 9

Sistema nervoso e neurosecreção em Carpobothrium alli n.sp.

I. S.T. da região do escólex mostrando células neurosecretoras

(a) Células unipolares (b) Células bipolares (c) Células multipolares.

II. L.S. do segmento mostrando células neurosecretoras Vlz.

(a) Células unipolares (b) Células bipolares e (c) Células multipolares

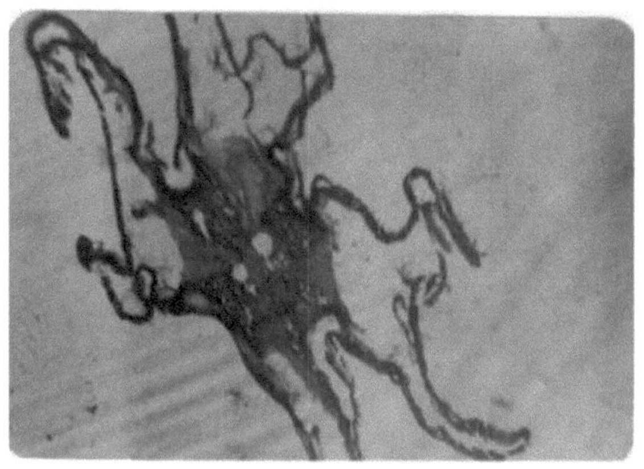

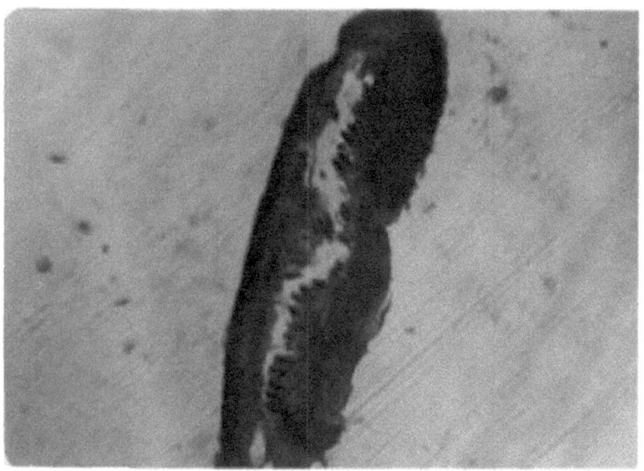

Células neurosecretoras em Adalobothrlum Kakinaensis n.sp.
(descritas na tese)
MATERIAL E MÉTODOS

Foram dissecados cinco intestinos de Carcharius acutus, Muller e Henle, 1906, que estavam fortemente infectados. Estudos taxonómicos revelaram que se tratava de Adelobothrium kakinadensis n.sp. Alguns deles foram fixados em Bouin. Estes céstodos foram lavados, desidratados em graus alcoólicos e embebidos em cera de parafina (58-60oC). As secções foram cortadas a 9 mu e as lâminas foram coradas com a coloração tripla de Mallery.

DESCRIÇÃO

Na S.L. dos segmentos maduros, as células neurosecretoras são observadas no cordão nervoso longitudinal. As células são de dois tipos: unipolares e bipolares. As células são de tamanho médio com uma parede celular fina, de forma redonda e com um núcleo grande. As células bipolares são em maior número do que as células unipolares. Raramente se encontram células multipolares.

FOTO : 10

Sistema nervoso e neurosecreção em Adelobothrium kakinadensis n.sp.
I. L.S. do segmento mostrando células neurosecretoras Viz.
(a) Células unipolares (b) Células bipolares e (c) Células multipolares

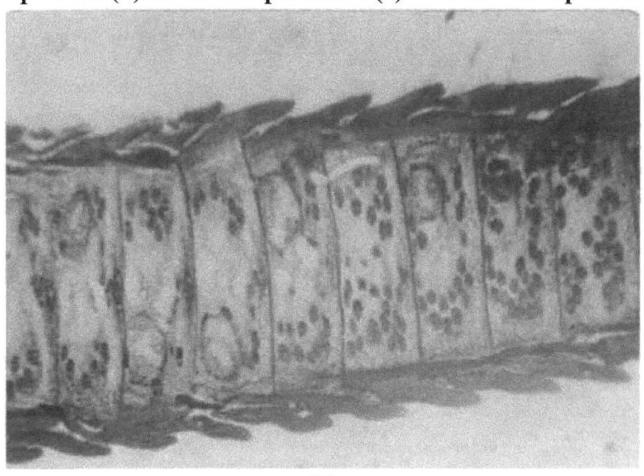

(C)

INTRODUÇÃO À HISTOQUÍMICA

Os cestodes são constituídos pelos conteúdos habituais dos tecidos, proteínas, hidratos de carbono e lípidos, mas as propriedades apresentam um padrão algo diferente do da maioria dos outros invertebrados, na medida em que o teor de hidratos de carbono tende a ser invulgarmente elevado e o de proteínas por unidade de peso corporal relativamente baixo (Archer e Hopkins. 1958 a,b).

A presença de proteínas, hidratos de carbono e lípidos existe nos cestodes, mas não foi estudada extensivamente. A qualidade e a quantidade em todo o verme foram observadas, mas ainda não temos uma ideia de qual parte elas estão localizadas, pois os estudos não são variados.

Estudos histoquímicos mostraram que, nos cestodes, o glicogénio ocorre em locais de tecidos esperados, nomeadamente o parênquima e os músculos (especialmente os das ventosas), os nervosos, os excretores e os reprodutores.

estão geralmente isentos de glicogénio (Chenge e Dyckman, 1964; Hedrick e Daughtery, 1957, Kilejian Schinazi e Schwabe, 1961 Read e Simmons, 1963 e Yamro, 1952 c).

Os cestodes têm necessidades substanciais de hidratos de carbono e, para o seu desenvolvimento e reprodução normais, os hidratos de carbono devem estar presentes na dieta do hospedeiro (Smyth, 1969)

A presença de glicogénio em C. latlcpoe foi estudada pela primeira vez por Orther-Schonbach (1913). Ginetsinskaya e Uspenskaya (1965) verificaram que o glicogénio se concentrava principalmente no parênquima medular de P.laticovS (de A, brama), com a maior concentração na parte posterior do corpo, em torno das glândulas sexuais, que não tinham glicogénio. O mecanismo de absorção de hidratos de carbono não é conhecido, mas as provas de que se processa por transporte ativo, como nas células intestinais dos vertebrados, são agora impressionantes (Brand, T. Vone e Cribbs, 1966, Phifer, 1960 e Read, 1961). A falta de glicogénio na dieta tem um efeito profundo no desenvolvimento do parasita. Existem, por exemplo, diferenças importantes entre a história de desenvolvimento de H. diminuta e a de H. nana. H. diminuta cresce a uma taxa mais ou menos constante durante toda a sua vida adulta, ou seja, não mostra evidência de senescência. Em contraste, o crescimento de H. nana é rápido apenas durante 10 - 12 dias depois de atingir o intestino e, a partir daí, os novos segmentos são produzidos mais lentamente, pelo que as necessidades de hidratos de carbono seriam elevadas apenas durante a fase inicial de estabelecimento e diferenciação estrobilar. H. citelli parece ser intermédia entre H. nana e H. diminuta, tanto nas suas características de crescimento como na sua resposta à deficiência de hidratos de carbono (Reed, schiller e Phifer, 1958). Trabalhos semelhantes sobre Raillletlna em aves (Raid, 1942). Os aminoácidos presentes nos tecidos de um certo número de cestóides adultos e larvares foram examinados, estando disponíveis dados relativos a H. diminuta (Aidrich, Chandler e Daugherty, 1954; Goodchild e Dennis, 1966; Goodchild e Wells, 1957), M. expansa, Thysanosorma actiniodes, cittotaenia Perplexa (Campbell, 1960 b), Anoplocephala magna (Martincie) e E. granulosus (Krvavica, Mertincic e Asaj, 1959 a,b) T. sagonata (Machnlcka - Roguska, 1965), T. crassiceps (Taylor e Kaynes, 1966). O metabolismo lipídico dos cestodes foi examinado de forma limitada e a maioria dos estudos limitou-se ao exame quantitativo e qualitativo do conteúdo lipídico e da sua distribuição nos tecidos (Symth, 1969).

O papel dos lípidos no metabolismo dos cestodes não é claro e não há provas de que os lípidos actuem sobre as reservas de energia nos cestodes, como acontece nos nemátodos. Em H.diminuta, os lípidos tendem a ser mais abundantes nas proglótides mais posteriores (Fairbairn, Kertheim Harpur e Schiller, 1961). O teor mais elevado de lípidos nas proglótides mais antigas levou a que se considerasse que grande parte destes lípidos representa, em grande medida, produtos residuais do metabolismo (Brand T Von, 1952 e 1966).

O colesterol foi identificado em T. saginate, (Cmelik e Briski, 1953), H. diminuta (Falrbairn, werthoin, Harpur e Schiller, 1961), Hydatlqera taeniaeformis. H. expansa (Thompson, Hosetting e Brand T, Von, 1960), D. latum (Read e Simmons, 1963)

Oochoristica em roedores, e Lacistoryhinus em peixes-cão Read (1957) confirma que os hidratos de carbono na dieta do hospedeiro são uma necessidade para o crescimento dos cestodes.

A qualidade dos hidratos de carbono do hospedeiro também tem um efeito no crescimento, tal como o nível de infeção num hospedeiro, ou seja, existe um efeito de aglomeração relacionado com o número de vermes presentes. Em ratos hospedeiros alimentados com amido, amido limitado ou sacarose, o tamanho do verme diminuiu na proporção em que a carga de vermes aumentou nos três casos (Read e Phifer, 1959)

Uma vez que as proteínas constituem uma parte substancial da dieta normal de um vertebrado, o intestino fornece, para os cestodes, um ambiente rico em proteínas e produtos de degradação relacionados. polipéptidos, dipeptídeos e aminoácidos (Symth, 1969).

As proteínas tecidulares dos cestodes foram efectuadas apenas em algumas espécies, Mchinococcus granulosus (Cmelik, 1955; Pozzi e Pisosky 1953). Moneizia expanse (Kent, 1947). Hymenolepis diminuta (Kent, 1957 c), T. sag in a (Machnika-Roguska, 1961) algumas destas proteínas são invulgares, na medida em que se verificou que estão conjugadas com outras substâncias tecidulares, como o glicogénio, os cerebrosídeos ou os ácidos biliares.

As proteínas estruturais registadas nos cestodes são a queratina, que constitui os ganchos e os embrióforos nos cestodes taeniídeos, e a esclerotlna, que forma as cápsulas dos ovos nos pseudofilídeos e possivelmente noutros grupos (Symth, 1969), e em E. granulosus (Croelik, 1952 b).

Arme, (1966) estudou algumas enzimas de Ligula intestinalis Bogtish, 1963 estudou M. microstoma histoquimicamente.

A comparação dos lípidos no tegumento foi observada por Begoyeyaensleii Yu, K. e Nikitine (1979), Cheah (1967) estudou Monezia expansa, os hidratos de carbono superficiais foram observados por Prashad e Cruraya (1977), estudos histoquímicos sobre R. (R.) johri foram efectuados por Roy (1980).

A histoquímica torna os aspectos internos e funcionais da estrutura mais vívidos.

Teor de proteínas em Tylocehalum namdeoi n.sp.
(Descrito na tese)

Os vermes foram colhidos do intestino do Dicerobatis eregoodoo, Blecker. Alguns deles foram fixados no líquido de Bouin para os estudos fisiológicos.

Foram lavadas com carbonato de lítio, desidratadas e embebidas em cera (M.P. 58-60oc).

As secções foram tiradas a 9 mu.

As lâminas foram desparafinizadas, hidratadas, coradas com azul de bromofenol, lavadas com água destilada, desidratadas, limpas em xilol e montadas em D.P.X. A proteína cora-se de azul profundo.

A observação microscópica mostra a elevada percentagem de proteínas pela sua cor azul profunda no tecido parenquimatoso, nos canais excretores longitudinais, nos músculos circulares e longitudinais, nos testículos e na bolsa do cirro e em menor quantidade no ovário e na parte central dos segmentos.

Assim, o verme Tylocephalum namdeoi n.sp. absorve proteínas do hospedeiro e armazena-as nos seus órgãos para actividades metabólicas.

Teor de proteínas em Tylocephalum nemdeoi n.sp.

I. L.S. do segmento que mostra a distribuição média das proteína na região do escólex.

II. L.S. do segmento mostrando a percentagem de proteínas no segmento maduro.

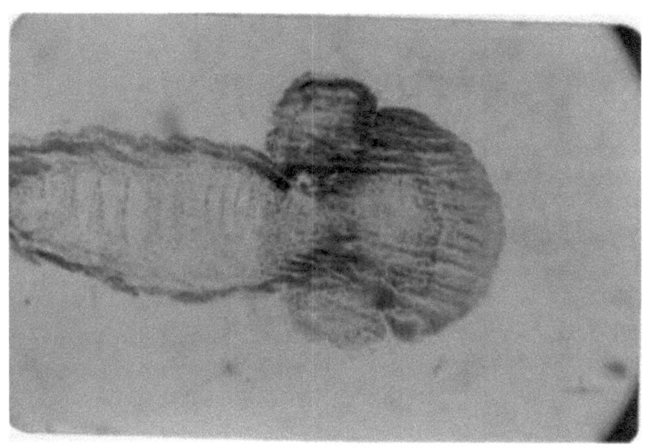

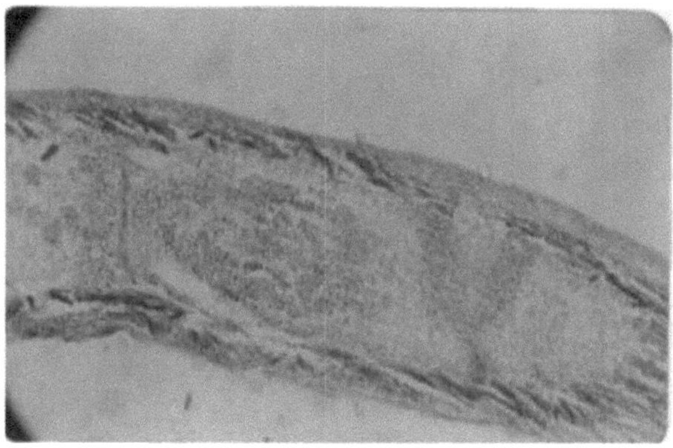

Teor de proteínas em Carpobothrium alli. n.sp.
(Descrito na tese)

Os parasitas foram recolhidos da válvula espiral do Trygon sephen Cuvier, 1871 em Dumalpetha (A.P.). Alguns deles foram fixados em formalina a 4% e outros em líquido de Bouln para avaliação dos aspectos fisiológicos.

Foram lavados com água destilada e carbonato de lítio, desidratados e embebidos em cera (M.P. 58 - 600C), As secções foram tiradas a 9 mu.

As lâminas foram desparafinizadas, hidratadas, coradas com azul de bromofenol, lavadas em água destilada, desidratadas, limpas em xilol e montadas em D.P.X. A coloração azul das proteínas das lâminas foi observada ao microscópio e demonstrou a presença de uma percentagem elevada na massa ganglionar, no tecido parenquimatoso circundante, nos nervos e na borda periférica e nos bothridia e uma quantidade menor no tecido parenquimatoso na região do pedúnculo.

Teor de proteínas no Carpobothrium alii n.sp.

I. S.T. da região de scolex mostrando a distribuição média de
proteína na região do escólex.

II. S.T. de segmento mostrando a distribuição da proteína.

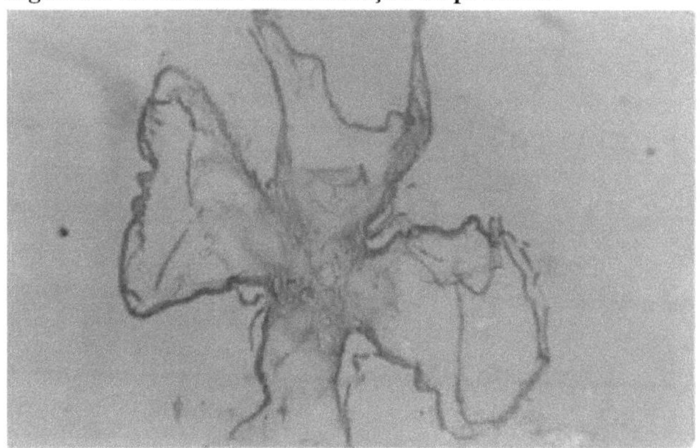

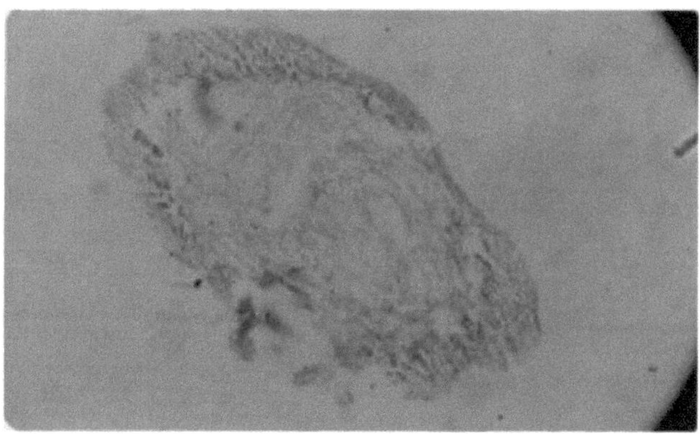

Teor de proteínas em Adelobothrium Kakinadensis n.sp.
(Descrito em tese)

Os vermes foram recolhidos do intestino de Carcharias acutus Muller e Henle, 1906.
Foram fixados em líquido de Bouin e alguns foram fixados em formalina a 4% para
estudo taxonómico.

Foram lavadas com água destilada, desidratadas e embebidas em cera (M.P. 58 - 600C),
tendo sido tiradas secções de 9 mu.

As lâminas foram desparafinizadas, hidratadas e coradas com azul de bromofenol,
lavadas com água destilada, desidratadas, limpas com xilol e montadas em D.P.X.

Quando as lâminas foram observadas ao microscópio, demonstraram a presença de
uma elevada percentagem de proteínas através da sua cor azul profunda.

Outros estudos mostram que o glicogénio está presente a um nível mais elevado na
região tegumentar dos testículos e do ovário.

O tegumento, sendo o principal órgão de absorção, possui uma elevada percentagem de proteínas e está também presente nos testículos e nos ovários para vários processos vitais.

Teor de proteínas no Adelobothrium Kakinadensis n.sp.

I. L.S. do segmento maduro mostrando a distribuição média de proteínas no segmento.

II. L.S. do segmento gravídico mostrando a distribuição de proteínas.

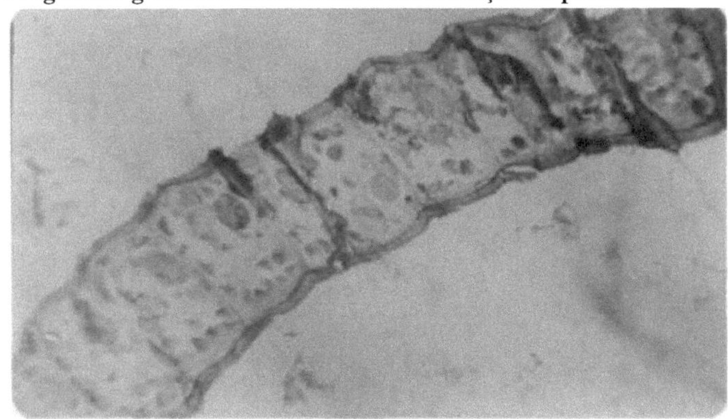

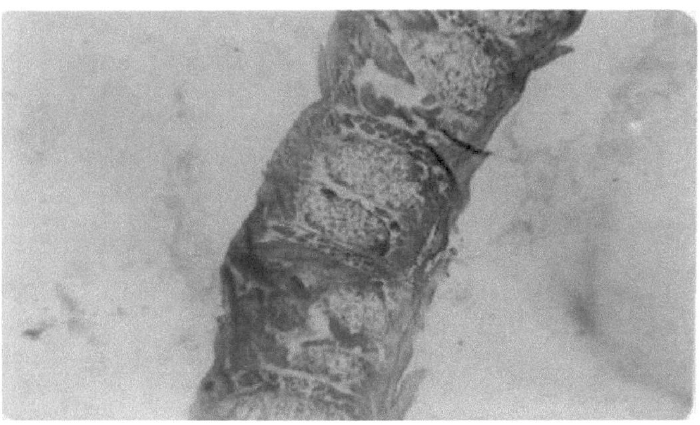

FOTO : 14

Teor de proteínas no Adelobothrium Kakinadensis n.sp.

I. S.T. do segmento maduro mostrando a distribuição média.

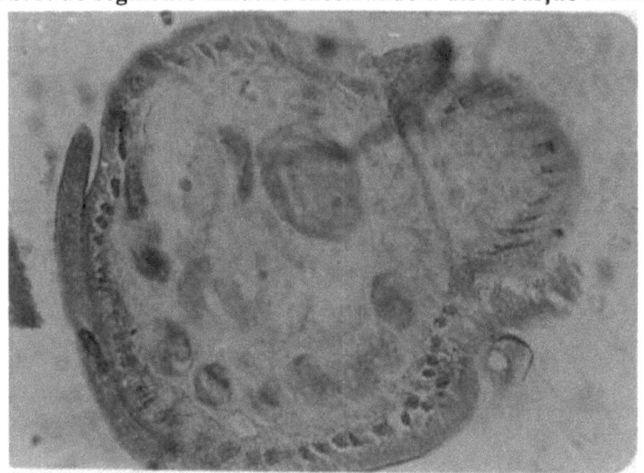

Teor de glicogénio em Tylocephalum namdeoi n.sp.

(Descrito em tese)

O cestode parasita dos vermes Tylocephalum namdeoi n.sp. foi recolhido da válvula espiral do peixe marinho Dicerobatis eregodoo Blocker em Waltair, A.P., (costa leste da Índia).

Algumas foram conservadas no líquido de Bouin para os estudos fisiológicos e outras foram fixadas em formalina a 4% para os aspectos taxonómicos.

Os vermes, que foram fixados em líquido de Bouin, são lavados em carbonato de lítio, desidratados e embebidos em cera (M.P. 58-60.C). Foram tiradas secções de 9 mu; desparafinizadas e coradas com carmim, limpas em xilol e montadas em D.P.X. A presença de glicogénio mostra uma cor rosa.

Em observações microscópicas, os espécimes revelaram a presença de concentração de glicogénio. A L.S. do segmento mostrou que a percentagem de glicogénio é maior na região tegumentar, nos canais excretores, na parte central da bolsa do cirro, e depois na região dos testículos e dos ovários.

Assim, é evidente que o nível de glicogénio é elevado na região corticular e nos canais excretores.

Teor de glicogénio em Tylocephalum namdeoi n.sp.
I. L.S. de segmento mostrando a distribuição de glicogénio na região do escólex.
II. S.T. de segmento mostrando a distribuição do glicogénio.

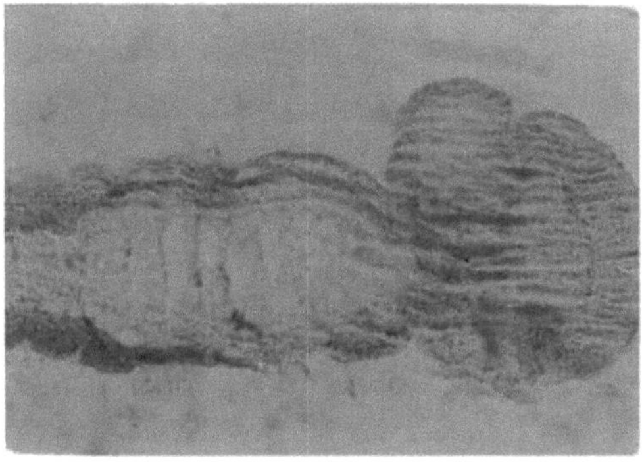

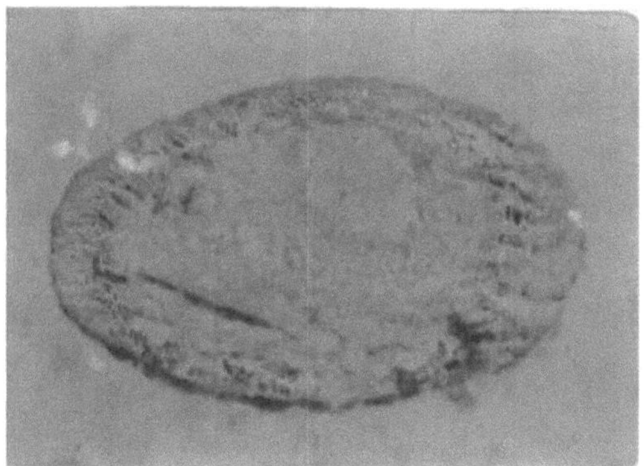

Teor de glicogénio no Carpobothriun alii n.sp.
(Descrito na tese)

Os vermes foram recolhidos do intestino do peixe marinho Trygon cephen Cuvier, 1871, que é designado por Carpobothriun alli n.sp. (descrito na tese)

Os vermes foram fixados no líquido de Bouin para o estudo dos aspectos fisiológicos, foram lavados com carbonato de lítio, desidratados e embebidos em cera (M.P. 58-600C). Foram feitas secções de 9 mu.

As lâminas foram daparafinizadas, hidratadas e coradas com carmim, lavadas com a solução de Best e desidratadas em grau alcoólico, limpas em xilol e montadas em D.P.X. O glicogénio é de cor rosa.

Os estudos microscópicos mostram que a presença de glicogénio na região do escólex é maior na região dos botrídios, almofadas musculares e ragião periférico. O glicogénio é em menor quantidade na região do bohri e do dial.

A L.S. dos segmentos mostra que o glicogénio é maior na região tegumentar, nos tecidos parenquimatosos, nos canais excretores, nos testículos, na bolsa do cirro do ovário e na vagina.

Assim, é evidente que o glicogénio é rico neste tecido, de modo a desempenhar várias funções.

Teor de glicogénio no Carpobothrium alii n.sp.
I. S.T. da região de scolex mostrando a distribuição média de glicogénio.
II. L.S. do segmento.

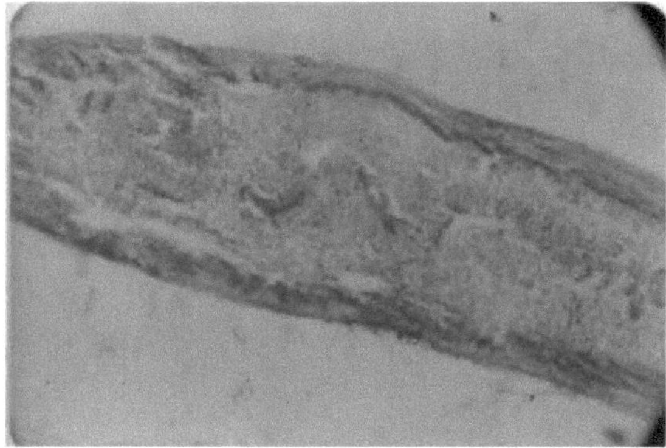

FOTO : 17

Teor de glicogénio no Carpobothrium alii n.sp.
I. L.S. de segmentos maduros mostrando a distribuição do glicogénio.

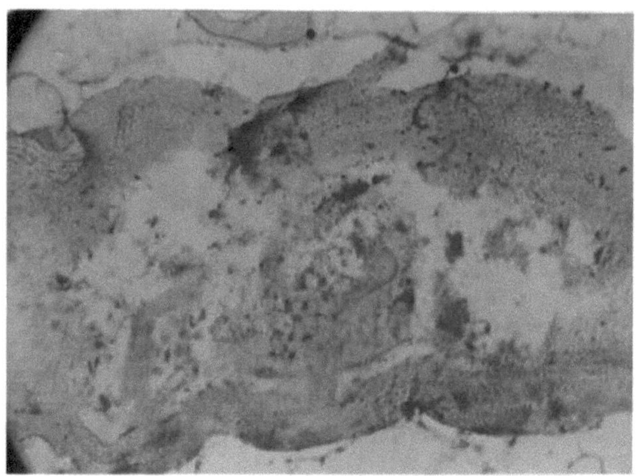

Teor de glicogénio no Adelobothrium Kakinadensis n.sp.
(Descrito na tese)

Foram recolhidos dez cestodes do intestino de Carcharias acutus. Cuvier,1871. Alguns deles foram conservados em Formain a 4% para estudos taxonómicos, que os agruparam como Adelobothrlum Kakinadensis (descrito na tese).

Os outros vermes foram fixados em fixador de Bouin para estudos histoquímicos, desidratados e embebidos em cera (M.P.58-60oC).

Foram desparafinizadas, hidratadas, coradas com Caramina (segundo aest, 1906), desidratadas e limpas em Xilol.

Em observações microscópicas, o espécime revelou a presença de uma concentração média de glicogénio. Quando as secções transversais dos segmentos foram observadas com atenção, foi evidente que a percentagem de glicogénio é maior na região tegumentar. Isto pode dever-se ao facto de os vermes tentarem absorver o material nutritivo com o tegumento.

A concentração de glicogénio, embora inexistente na região central, está presente em grande parte nos testículos e a percentagem é menor nos ovários.

Assim, podemos concluir que o nível de glicogénio é maior na região corticular e nos testículos, o que ajuda os vermes Adelobothrium Kakinadensis n.sp. a realizar vários processos fisiológicos.

Teor de glicogénio no Adelobothrium Kakinadensis n.sp. I.
L.S. do segmento maduro mostrando a distribuição média de
glicogénio.
II. S.T. de segmento mostrando o conteúdo de glicogénio.

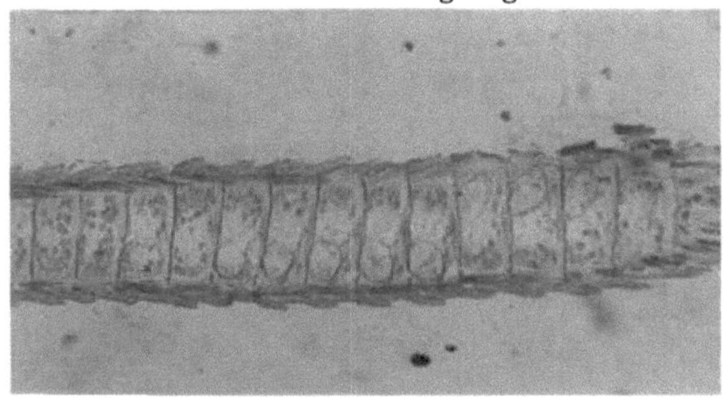

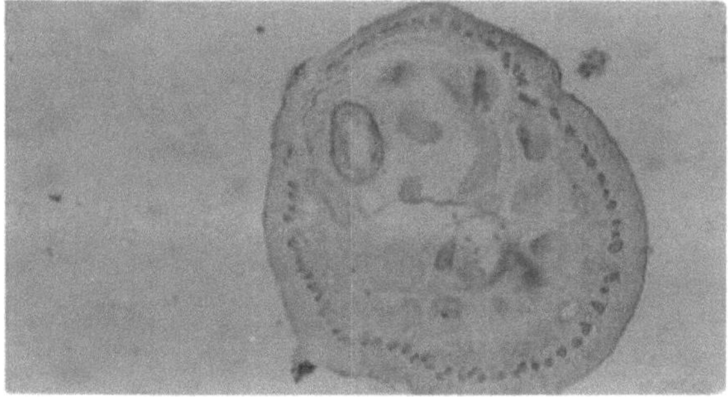

Teor de glicogénio no Adelobothrium Kakinadensis n.sp.
I. S.L. segmento grávido mostrando o conteúdo na região tegumentar.

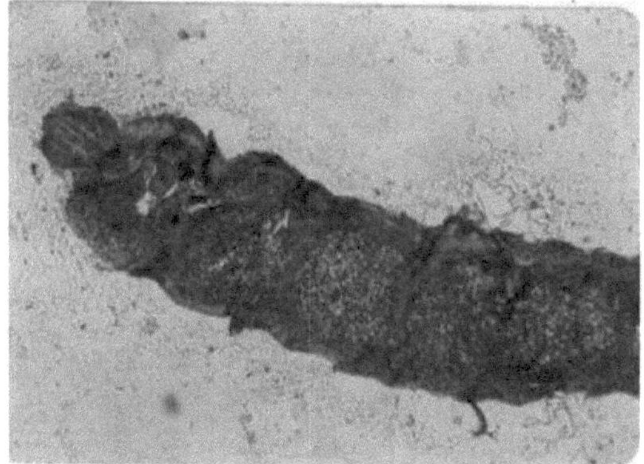

Teor de lípidos em Carpobothrium alli n.sp.
(Descrito na tese)

Os vermes coletados do intestino do peixe marinho trygon sephen cuvier, 1971, que é
chamado de carpobo thrium alli n.sp.

Estes vermes foram fixados em líquido de Bourn, desidratados e embebidos em cera

(60-62oC). Foram feitas secções de 9 mu.

As lâminas foram desparafinizadas e levadas para álcool a 70%, depois foram coradas com Sudan Black B saturado em álcool a 70%, foram rapidamente lavadas a 70% e depois desidratadas nos graus seguintes, limpas em xilol e montadas em D.P.X. Os lípidos indicaram a sua presença pela cor preta.

Estudos e observações intensivos mostram que o teor de lípidos é mais elevado no tecido parenquimatoso do tegumento, no músculo longitudinal e oblíquo e na margem da bolsa do cirro.

O conteúdo lipídico também está presente em menor quantidade na região dos testículos, ovário, cordão nervoso longitudinal e margens do canal excretor longitudinal.

Assim, o verme Carpobothrium alli n.sp. obtém uma grande quantidade de lípidos que absorve do hospedeiro e os utiliza para as suas várias actividades vitais.

I. Região do escólex mostrando a presença de conteúdo lipídico.

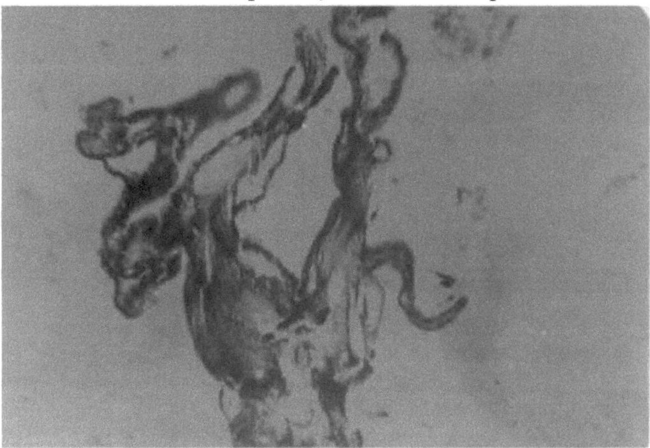

Teor lipídico em Carpobothrium alli n.sp.
I. L.S. de segmento mostrando a distribuição média do conteúdo lipídico na região tegumentar.
II. S.T. de segmento mostrando a distribuição média de lípidos na região do tegumento.

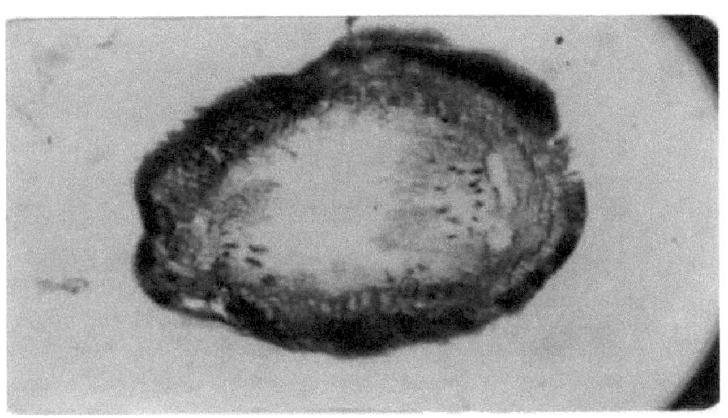

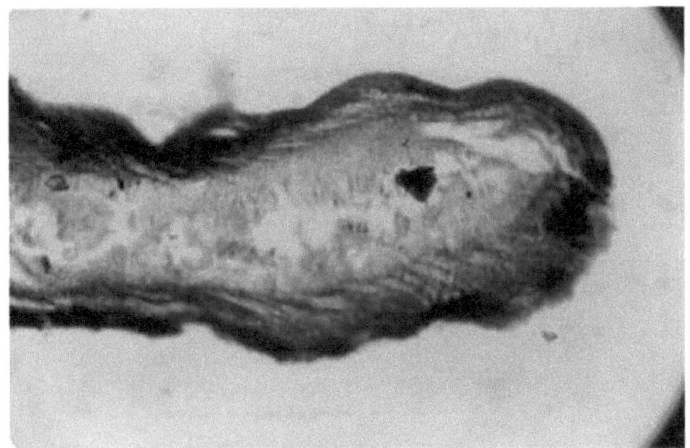

Conteúdo lipídico em Adelobothrium Kakinadensis n.sp.
(descrito na tese)

Os parasitas foram recolhidos do intestino de Carcharias acutus Muller e Henle, 1906. Alguns destes vermes foram achatados e preservados em formalina a 4% e os restantes foram fixados em líquido de Bouin. Estudos taxonómicos mostraram que estes vermes são Adelobothrium Kakinadensis n.sp.

O material fixado é lavado em carbonato de lítio, desidratado em graus alcoólicos e embebido em parafina (60-62oC).

As secções foram tiradas a 9 mu, as lâminas foram desparafinizadas e levadas a álcool a 90%, depois foram coradas com Sudan Black B saturado em álcool a 70%, foram rapidamente lavadas a 70% e depois desidratadas a 80% e 100%, limpas em xilol e montadas em D.P.X. Os lípidos indicaram a sua presença pela cor preta.

As observações microscópicas mostraram que o teor de lípidos é maior na região tegumentar, nas margens laterais dos vermes, na região intersegmentar, no ovário e na bolsa do cirro. E também observado em menor quantidade na região dos testículos, músculos longitudinal, circular e digonal.

Assim, conclui-se que o Adeiobothrium Kakinadensis n.sp. obteve uma maior quantidade de lípidos do hospedeiro e é útil para várias actividades.

Conteúdo lipídico em Adeiobothrium Kakinadensis n.sp.
L.S. do segmento mostrando a distribuição média dos lípidos.

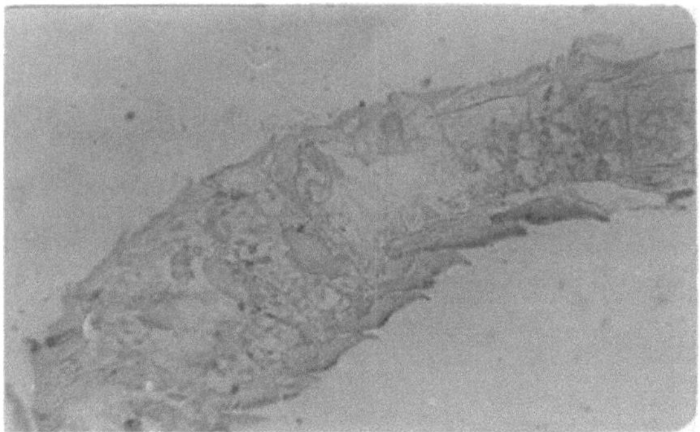

RESUMO: PARTE II

Esta parte da tese compreende três tópicos liderados por Histopatolov Foram efectuados estudos histopatológicos de Tyloceohalum namdeoi n.sp., Carpobothrium alli n.sp. e Adelobothrium Kakinadensis n.sp. Observou-se que a maioria dos vermes, embora tenha atingido a camada intestinal, não estava tão perto de causar grandes danos. Estão apenas a utilizar o intestino para se protegerem do movimento parasitário do intestino e para adquirirem uma quantidade média de alimento, pelo que mantêm uma boa relação e não danificam demasiado a camada intestinal.

Foram observadas as células neurosecretoras e o sistema nervoso de Tylocephalum namdeoi n.sp., Carpobethrium alli n.sp., Adelobothrium Kakinadensis n.sp. Verificou-se que, apesar de o verme ser muito pequeno, o sistema nervoso não era facilmente detetável.

As minhocas possuíam numerosas células neurosecretoras unipolares, bipolares e multipolares e na direção da região periférica do segmento.

Observações histoquímicas de Tylocephalum namdeol n.sp. Carpobothrlum alli n.sp. e Adelobothrium Kakinadensis n.sp. foram efectuadas.

Foram observadas as proteínas e o glicogénio destes vermes e o teor de lípidos no Carpobothrium e no Adelobothrium destes vermes.

LISTA SISTEMÁTICA DOS ANFITRIÕES COM OS SEUS PARASITAS CESTÓDEOS

HÓSPEDE		*PARASITAS*
Classe Subclasse Ordem Subordem Família Género Espécie	Peixes Chondetpterygii Plagiostomados Batoidei Trygonidae Carcharias C.acutus, muller e Henle, 1906.	1. Polypocephalus waltairensis n.sp. 2. Tylocephalum dierama Shipley et Hornell. 3. Gymnorhynchus gigas 4. Adelobothrium Kakinadaensis n.sp. 5. Adelobothrium Kakinadaensis n.sp.
Classe Subclasse Ordem Subordem Família Género Espécie	Pisces Chondetpterygii Plagiostomata Batoidei Trygonidae Trygon T. Sephen Cuvier, 1871.	1. Phyllobothrium foliatum Linton, 1890 2. Carpobthrium alli n.sp.
Classe Subclasse Ordem Subordem Família Género Espécie	Pisces Chondetpterygii Plagiostomata Batoidei Rhynchobatidae Rhynchobatus Rhynchobaridas Dieddensis Contor, 1857	1. Polypocephalus Shindei n.sp. 2. Tylocephalum bombayensis
Classe Subclasse Ordem Subordem Família Género Espécie	Pisces Chondetpterygii Plagiostomates Bataidei Trygonidae Dicerobatis Dicerobatis eregoodoo	1. Tylocephalum dicerobatisae n.sp. 2. Tylocephalum nameoi n.sp. 3. Acanthobothrium ijimai n.sp.

LISTA CLASSIFICADA DE PARASITAS CESTÓDEOS DESCRITOS NA TESE COM O SEU HOSPEDEIRO

PARASITAS		*HOSTS*
Classe Ordem Família Género Espécie	Eucestoda,wardle, McLeod e Radinovasky, 1974. Tetraphyllidea, carius, 1863 Phyllobothrium, braun, 1900	Trygon sephen cuvier, 1871.

PARASITAS		HOSTS
	Phyllobothrium, braun, 1950 Phyllobothrium foliatum linton,1890	
Classe Ordem Família Género Espécie	Eucestoda,wardle, McLeod e Radinovasky, 1974. Tetraphyllidea, carius, 1863 Phyllobothrium, braun, 1900 Carpobothrium Shipley et Hornell,1905 Carpobothrium alli n.sp.	Trygon sephen cuvier, 1871.
Classe Ordem Família Género Espécies	Eucestoda, warale, McLeod e Radinovasky 1974. Lecanicephallidea, Baylis, 1920 Lecanicephalidae Braun, 1900 Phyllobothrium, branun, 1900 Phyllobothrium, Shindei, n.sp.	Rhynchobatus dieddensis Muller e Henle 1906.
PARASITAS		**HOSTS**
Classe Ordem Família Género Espécie	Eucestoda, warale, McLeodand Radinovasky 1974. Lecanicephallidea, Baylis, 1920 Lecanicephalidae Braun, 1900 Polypocephalus, Braun, 1878 Polypocephalus Waltairensis n.sp.	Carchariaus acutus Muller e Hendle, 1906.
Classe Ordem Família Género Espécies	Eucestoda,wardle, McLeod e Radinovasky, 1974. Tetraphyllidea Diesing, 1863 Gymnorhynchidae Dollfus,1935 Gymnorhynchus Rudolphi, 1819. Gymnorhynchus Rudo phi gigas cuvier, 1871.	Carcharias acutus Muller e Henle,1906
Classe Ordem Família Género Espécie	Eucestoda,wardle, McLeod e Radinovasky, 1974. Lecanicephalidea, Baylis,1920 Lecanicephalidea Braun, 1900 Tylocephalum, Linton, 1890. Tylocephalum dierama Shipley et Hornell,1906 Carpobothrium alli n.sp.	Carcharias acutus Muller & Henle,1906.
PARASITAS		**HOSTS**
Classe Ordem Família Género Espécies	Eucestoda, warale, McLeod e Radinovasky 1974. Lecanicephallidea, Baylis, 1920 Lecanicephalidae Braun, 1900 Tylocephalum, Linton, 1890. Tylocephalum dicerobatisae n.sp.	Dicerobatis eregoodoo Blecker
Classe	Eucestoda, warale, McLeod e Radinovasky	Carchariaus acutus

PARASITAS		HOSTS
Ordem Família Género Espécie	1974. Lecanicephallidea, Baylis, 1920 Lecanicephalidae Braun, 1900 Tylocephalum, Linton, 1890. Tylocephalum bombayensis	Muller e Hendle, 1906.
Classe Ordem Família Género Espécie	Eucestoda,wardle, McLeod e Radinovasky, 1974. Lecanicephalidea, Baylis,1920 Lecanicephalidea Braun, 1900 Tylocephalum, Linton, 1890. Tylocephalum namdeoi n.sp.	Dicerobatis eregoodoo Blecker
Classe Ordem Família Género Espécie	Eucestoda,wardle, McLeod e Radinovasky, 1974. Tetraphyllidea, Carus, 1863 Onchobathridae, Braium, 1900 Acanthobothrium, Van, Bendeden, 1949. Acanthobothrium ijimai	Dicerobatis eregoodoo Blecker
Classe Ordem Família Género Espécie	Eucestoda, warale, McLeod e Radinovasky 1974. Lecanicephallidea, Baylis, 1920 Adelobothridae, Yamaguti, 1959 Adelobothrium, Shipley,1900 Adelobothrium Kakinadaensis n.sp.	Dicerobatis eregoodoo Blecker
Classe Ordem Família Género Espécie	Eucestoda, warale, McLeod e Radinovasky 1974. Lecanicephallidea, Baylis, 1920 Adelobothridae, Yamaguti, 1959 Adelobothridae, Shipley,1900 Adelobothrium Carchariase n.sp.	Carchariaus acutus Muller e Hendle, 1906.

LISTA DE PARASITAS HOSPEDEIROS

Sr. Não	Hospedeiro (Peixes)	Anfitrião examinado	N.º de Cestodes	Castodes Recolhidos	Data de recolha	Local de recolha
1	Carchariu s acutus Muller e Henle 1906	10	32	Tylocephalum Dierama Hornell 1906 Polypocephalus waltairensis n.sp. Gymnorhynchus gigas Adelobothrium charchari n.sp.	10-10 1987 10-4 1988 10-4 1987 9-4-1988 11-4 1988	Waltair Waltair Waltair Waltair Waltair

Sr. Não	Hospedeiro (Peixes)	Anfitrião examinado	N.º de Cestodes	Castodes Recolhidos	Data de recolha	Local de recolha
				Adelobothrium Kakinadaensis n.sp.		
2	Dicerobtis eregoodoo Blecker	14	20	Tylocephalum dicerobatisae n.sp. Tylocephalum namdeoi n.sp. Acanthobothr- iumi ijimai	4-4-1988 4-4-1988 12-4 1988	Waltair Waltair Kakinada
3	Rhynchob atus Diedden- sis cantor, 1851	15	20	Polypoceohalus shindei n.sp. Tylocephalum alli n.sp.	4-4-1988 6-4-1988	Kakinada Waltair
4	Trygon sephen Cuvier, 1871	20	25	Carpobothrium alli n.sp. Phyllobothrium foliatum Linton, 1890	10-3 1988 9-4-1988	Dumalpe tha Kakinada

REFERÊNCIAS

Alexander, C.G.	1951	Cinco novas espécies de Acantho-bothrium (Cestoda Tetraphyllidea) das raias do sul da Califórnia J. Parasite, 39(5): 481-486.
Buret, L.	1959	Investigações sobre os cestodes tetrafilídeos deseleciensdes cotes de France. Tese, Montepeller, 265 pp.
Bilasess, R.M.	1980	Três novas espécies de acanthobothrium van Benden, (Cestoda) Tetraphyllidea, Onchobothridae) em My rmillomangzd (B1k) da costa de Karachi Pakistan Journal of zoology(1980) 12(2): 1289- 246.
Brooks, D.R.	1978	Acanthobothrium electricolumn sp. n. e A. lintoni sp. Coldstein Hanson e Schicht 1969. Cestoda : Tetraphyllidea from Marcine Brasillisenic (Offeres) chondrichthyes, Terpediaridae) in Columbia Journal of Parasitology, (1978) 64 (4) : 617-619.
Carveja, J.	1974	Registos de cestodes de tubarões chilenos,J. Parasit 60 (1): 29-34.
Carvajal, G.J. e Goldstein, R.J.	1969	Acanthobothrium psammobati sp.n. (Cestoda : Tetraphyllidea Onchobothriidae) das Raias, Psammotis Scobina (Chondrichthyes Rajida) do Chile. Zool. Anz. 18 2(5/6) :432-435.
Canavan, W.P.	1928	Uma nova espécie de Phyllobothrium Van Ben, de um salmão do Alasca, com notas sobre a ocorrência (rosaobothrium) angustun Linton no tubarão-raposa.J. Helminth, 61 51-55.
Chincholikar,L,N. E Shinde,G.	1977	Uma nova espécie de céstode G.ymnorhynchua cybauni Grymnorhynchidae Dollfus, 1935 de um peixe marinho em Ratnagiri Índia. Rivista di Parasitologia, (1977) 18(2/3) :161-164[En] .
Campbell,R. A.	1970	Notes on Tetraphyllidean Cestodes from the Atlantic coast of North America with description of two new species. J. Parasit, 56(6) : 498-508.
Campbell,R. A.	1977	Novos cestodes Tetraphyllidean e Tupa ophnch de raias de profundidade no Atlântico Norte ocidental Proceedings of Helminthology society of Washington 44(2) : 191-197.
Chincholikar,L.N. 1980 e Shinde, G.B.	1980	Tylcephalum madhukarii n.sp. do intestino de Trygon sephen na costa oeste de ratnagiri da Índia. Rivista Di. Parasitologia, Vol. PXLI : 23-26.
Cohn, L.	1908	Die Anatania eines new Fish cestodes. Controlbl, Bekt, Parasitenk. 46: 134-139.
Cornford, E.M.	1974	Os cestodes tetrafilídeos das arraias do Havai. J. Parasit, 60 (6) : 942-946.
Chincholikar, L.N.	1975	Estudos sobre Cestodes Parasitas de Peixes e Anfíbios. Tese de doutoramento, Universidade de Marathwada

		Aurangabad, M.S. Índia.
Dia, F.	1958	The fishes of India, vol, I e II willlam Dawson and Sons Ltd., Londres.
Dehmukh.R.A.	1977	Estudos sobre cestódeos parasitas de peixes Tese de doutoramento, Universidade de Marathwada, Aurangabad, M.S. Índia.
Deshmukh,R.A e Shinde, G.B.	1980	Redeserviço de Acanthobothrium Crassicolle Dollfus 1926(Cestode Onchobothridae) de um peixe marinho.Rivista Di. Parasitologia 41 (2): 231-234.
Furtado, S.I. e Chau-Lan,L.	1971	Duas novas espécies de helmintos do peixe Channa microeltes Cuvier (Ophiocephalldae) da Malásiaisa Folia parasit, Praha 18 (4)1365-372.
Fotedar, D.N.	1958	Sobre uma nova espécie Adetioescolex, orelni gen et. sp. nov. de peixes de água doce em Caxemira e nete sobre géneros relacionados. Helminth, 33 : 1-16.
Farham, I. Schwate, C.W. e Zobel, C.R.	1959	Relação parasita-hospedeiro em Echinococcus III Relação entre a tensão ambiental de oxigénio e o metabolismo dos escólices hidáticos. Am. j. trop. New hyg, 8 : 473-477.
Henson,R.N.	1975	Cestodes of elasmobranch fishes of Texas, Tex. J. Sci. 26 : 401-406.
Hornell, J.	1913	Novos cestodes de peixes indianos. Rec. Ind. Mus. 7: 197-304.
Heller, A.F.	1949	Parasitas do bacalhau e de outros peixes marinhos da região de Bale de chalear. J. Res, 27(5)i Sec, Di243-264
Hansan, S.H.	1983	Acanthobothrium manbari sp.n. Um tetraphyllideas cectode (Onchobothridae) de Dasyatis Sephen Journal of Egyptian society of Parasitology 13 (1) : 75-80.
Hart, J.P.	1936	Cestoda de peixes de Puget Sound III Phyllobothridea. Mams. Am. Micro. Soc.55: 488496.
Hasan, S.H.	1983	Polypocephalus Saoudi n.sp. Lecanicephalidean cestode from Taeniura Lymna in Red sea. Journal of Egyptaan society of Parasitology, 12(21) : 395-401.
Jadhav, B.V. e Shinde, G.B.	1981	Uma nova espécie do género Tylpcephalutn Linton, 1890 (Cestoda t Leeanicephalidea) de um peixe marinho indiano. Indian Journal of Parasitology, 5 (l) : 109-111.
Jadhav, B.V. e E Sarwade, D.B.	1986	Polypocephalus ratngairiensis sp. nov. de Trygon, zugae Índia. Indian Journal of Helminthology vol. XXXVIII(2): 88-92.
Jadhav, B.V.	1983	Tylocephalum bombayensis n.sp. (Cestoda : Lecanicephalidea) do peixe indiano Trygon sephen. Rivista di Parasitologia, 44(2) : 193-195.

Jadhav, B.V.	1985	Phyllobothrium trygoni n.sp. (Phyllobothridae) de Trygon sephen, Ibid, Vol. II (XLVI) : 181-183.
Jadhav, B.V. e William Threlfal	1986	Sobre uma nova espécie do género Polypoceahalus Braun 1878 (CestodasLeeanicephalidea) da Índia. Indian J. Hel. Vol.III (1) 151-55.
Johri, L.N.	1950	Relatório sobre cestóides colhidos na Índia e na Birmânia. Indian J. Helminth, 2(1) : 23-24.
Kileiian,A., Schingzi,L.A. e Schwable, C.w.	1967	Relação parasita-hospedeiro em Echinococcus V. Observações histoquímicas sobre Echino coccus. Granuloso J. Parasit, 47t 181-188.
Karvevica, s. Martincic,J. E Asaj,R.	1951	Relação parasita-hospedeiro em infecções por cestodes, com ênfase na resistência do hospedeiro. J. Parasitology, 37: 343-352.
Khambata,P.s. e Bal, D.V.	1951	Cinco novas espécies de cestodes de peixes marinhos de Bombaim. Actas do Congresso Indiano de Ciências, 38t[h] Sessão III: P.211.
Kay, M.W.	1942	Uma nova espécie de Phyllobothrium Van Benden, de Raja binoculata (Virard) Trans. Am. Micr.Sco. 61 : 261-263.
Linton, E.	1897	Notas sobre larvas de cestóides parasitas de peixes. Proc. U.S. Nat. Mus., 19 : 787-826.
Linton,E.	1916	Notas sobre dois cestodes da arraia-manchada.J. tarasit, 3 : 34-438.
Linton,E.	1924	Notes on cestode parasites of Sharks and skates. Proc. U,o.Nat. Museo 64 : 1-114.
Macinsis, A.M.	1976	Como é que os parasitas encontram os hospedeiros : Algumas reflexões sobre a infeção da integração parasita-hospedeiro. 3- 20.
Mcvicar, A.M.	1977	Os ganchos bothridiais de Acanthobothrium quadripartitum William 1968 (Cestode : Tetraphyllidea) seu crescimento e uso em taxonomia International Journal of Parasitology 7 (6) : 439442.
May, R.M. e Anderson,R.M.	1978	Regulação e estabilidade do hospedeiro-parasita interação entre populações III. Processo de destruição. J. Anim. Ecol,47 (1): 249-267.
Mcvicar,A. H.	1972	A ultra-estrutura da interface parasita-hospedeiro de três ténias tetrafilídeas do elasmobrânquio, Raji naevus. Parasitologia, 65(1) : 77-88.
Meggit, F.J.	1934	A teoria da especificidade do hospedeiro aplicada aos cestodes. Ann. Trop. Med. Far, 281 99-105.
Mitra,K.B. e Shinde, G.B.	1980	Histopatologia do cestode Indiana (cohn, 1960) de Gallus domesticus. Aurangabad, Índia. Curr. Sd. vol .49 (5) : 206-207.

Mitra, K.B. e Shinde, G.B.	1981	Fixação de espécies de Davinia nas vilosidades de Gallus domesticus. Bioresearch, vol.5(1):38-41.
Mitchell, D.F.	1981	Revisão convidada, Host - versus parasite responses. Patologia, 13 (4) : 659-667.
Otto, J.N., e Heckmonn,R.A.	1984	Resposta dos tecidos do hospedeiro a larvas de Cordiceps diphyllobothrim infectadas com hrout. Crreat Basin Naturalist,4(1) :125-137.
Rees, G.	1907	Pathologensis of aduit cestodes. Helm. Abst, 36:123.
Rego, A. A.	1977	Cestódeos parasitas de carcharinus longimanus cestódeos parasitas de carcharinus longimanua (Poey,1861) Rivista Brasileria de Biologia, 37(4) : 847-852.
Riser, N.W.	1955	Estudos sobre cestódeos parasitas de tubarões e raias. J. Tsnn, Acad.Sci. 30 (4) : 265-311.
Robinson, E.S.	1965	Cestode (Tetraphyllidean) e Trypanorhyncha de Southwales. Rac. Aust. Mus,, 26(15)1341348.
Rushikov, K.M.	1976	Especificidade dos helmintos em relação ao hospedeiro: alguns aspectos gerais da sua ação. Parasitologias 1i Parnica, 14: 3-8 .
Shinde, G.B.	1976	Redescrição e relato de Polypocephalus rhynchobatidis (Subhapradha, 1985) in Peixes marinhos da Índia. Marath. Univ. J. Sci. 15 (8) : 273-295
Shinde, G.B.	1976	Estudos sobre cestodes indianos - redescrição de Tylocephalum, sinide Linton 1890 em peixes marinhos da Índia. Marath. Univ. J. of Science, 15(8) : 289-291.
Shinde, G.B.	1981	Polypocephalus brauni n.sp. de Rhynochodon trypus em verval, Índia. Biology, vol. Ill (5):55-59.
Shinde, G.B., e Deshmukh, R.A.	1976	Redescrição de Phyllobothrium Chiloscyllii (Subhapradha,1955) de Trygon sephen. Biology, vol. II (1) : 20-22.
Shinde, G.B., e Jadhav, B.V.	1981	Quatro novas espécies de Polypocephalus Braun, 1878. Marath. Univ. J. Sci., vol. XVI No. 14 : 79-86.
Schmidt, G.D.	1978	Phyllobothrium kingae sp. n. um cestode tetraphyllidaun de uma arraia de pintas amarelas em Jarnica. Proc. of Hilminthological Society of Washington, 45 (1) : 132-134.
Southwell, T.	1927	Sobre uma coleção de cestodes de peixes marinhos do Ceilão. Ann. trop.Med. par, 21: 351-373.
Southwell, T.	1911	Descrição de nove novas espécies de cestodes parasitas, incluindo dois novos géneros, de peixes marinhos do Ceilão. Biol. Rep. Part, V:216-225.
Southwell, T.	1925	A Monograph on tetraphyllidean with notes on related cestodes.Mem. Liverp, Sch. Trop. Med.(n.s.) no.2: 1-368.
Southwell, T.	1927	Sobre uma coleção de cestodes de peixes marinhos do Ceilão.Ann.Trop. Med. Par, 21: 351-373.

Southwell, T.	1930	Cestodes vol. I: In: The Fauna of British India, including Ceylon and Burma, IXXXI 391 Lon.
Shipley,A.E. E Hornell, J.	1900	Relatório sobre cestodes e nemátodos parasitas dos peixes marinhos do Ceilão. Relatório do Governo sobre o peixe ostra de pérola do Ceilão. Golfo de Manner, Parte V: 43-96.
Shuler, R.H.	1938	Alguns cestodes de peixes de Tortugus, Florida. J.Parasit, 24: 57-63.
Subhapradha,C.K.	1951	Sobre o género PolyPocephalus Braun, 1878 Cestode juntamente com a descrição de seis novas espécies de Madras.Proo. Zool. Sco, Londres, 121 (2) : 205- 235.
Suyda, M.	1976	Sobre um caso de invasão maciça do cestode Gymnorhy - - nchus (Grymnorhvnchus) gigas Cuvier,1817)
		larva nos músculos de Brums raii Bloch 1791) .
Shorb. D.A.	1933	Relação parasita-hospedeiro de Hymenolopis praterna no rato e na ratazana. Am. J. Hyg. 18: 74-113.
Sircar, M. e Sinha, D.P .	1980	Histopatologia de cotugnia iliocana (Diamare, 1873) indicus infeção no peixe Clarius Indian Soc.J.Anlm.Res.14(1) : 53-56.
Solunke,D.G., Shinde, G.B. e Mitra, K.B.	1980	Histopatologia do cestode Cotugnia iliocana (Diamre, 1873) de clumba livia em Aurangabad, Índia. Marath. Univ. J. Sci.
Tseng,Shen	1933	Estudo de alguns cestódeos de peixes. J. Sci. Nat. Univ. Shantuna. Tsingato, China, 2: 1-21.
Testa,J., e Dailey, M.D.	1976	Morfologia e zoogeografia de Phyllobothrium delphini. No programa e resumo da 50ª Reunião Anual da Sociedade Americana de Parasitologia. Nova Orleães, E.U.A., 66-69.
Varna, S.C.	1978	Some cestodes from Indian fishes four new species of Tetraphylidea and revised key to the Genera Acanthobothrlum and Gangesia. Allahabad Univ. Stud, 4:119-176.
Wang P.G.	1984	Notes on some cestodes of fishes in Fujian provience with a list of fish cestodes recorded from China, wu, sci. Journal, 4i 71-8 3.
Wardle, R.A., e McLeod, J.A.	1952	Zoology of Tapeworms University of Mangolea Minnesota Press,Minneapolis,1:780.
Wardle, R.A., e McLeod, J.A. Radinovasky,S.	1974	Advances in the Zoology of tapeworms, 19501970. Univ. Minnesota Press, Minneapolis l: 274.
Williams, H.H.	1958	Alguns Phyllobothridae (Cestoda : Tetraphyllidea) de elasraobranquios da costa ocidental das Ilhas Britânicas Anal. Mag. Nat. Hist.13(1): 113-136.
Williams, H.H.	1968	Phyllobothrium Piriei sp. nov. cestoda : Tetraphyllidea de Raja naevus com um comentário sobre o seu habitat e modo de fixação.

		Parasit, 58(4) : 929-939.
Williams, H.H.	1968	taxonomia, ecologia e filobotrídeos (cestoda : Tetraphyllidea) uma revisão crítica de Phyllobothrium Beneden 1849 e comentários sobre alguns géneros afins. Fil. Trans, H. soc. ser. 13: 231-307.
Woodland, W.N.F.	1923	Uma nova forma notável de caryophyllaeidae do Sudão Angloegípcio e uma revisão das famílias de cestodaris. wurt. J. Micr.Sci. 67: 435-472.
Warren, Mc.w. e DeughtertvJ.	1957	Efeitos no hospedeiro da tração lipídica de Hymnolepis diminuta. J. Parasit, 43: 521-526.
Yamaguti,S.	1934	Studies on the Helminth fauna of Japan, Part 4, cestodes of fishes. Japão Zool. 6:1-112.
Yamaguti,S.	1952	Estudos sobre a fauna helmíntica do Japão, parte 49, cestodes de peixes II. Ata Medicine Okayama,8 (1):1-76
Young, R.T.	1923	Gamatogénese em cestodes. Arch.Zellfersch, 16: 419-4 37.

I want morebooks!

Buy your books fast and straightforward online - at one of world's fastest growing online book stores! Environmentally sound due to Print-on-Demand technologies.

Buy your books online at
www.morebooks.shop

Compre os seus livros mais rápido e diretamente na internet, em uma das livrarias on-line com o maior crescimento no mundo! Produção que protege o meio ambiente através das tecnologias de impressão sob demanda.

Compre os seus livros on-line em
www.morebooks.shop

Printed by Books on Demand GmbH, Norderstedt / Germany